아이의 자존감을 높여주는

엄마표 감정 놀이

Original Japanese title: SUGUNI HOIKU NI TSUKAERU!

KODOMO NO KANJOHYOGEN WO SODATERU ASOBI 60 Copyright ⓒ 2020 Eri Nomura

Original Japanese edition published by Chuohoki Publishing Co., Ltd.

Korean translation rights arranged with Chuohoki Publishing Co., Ltd.

through The English Agency (Japan) Ltd. and Danny Hong Agency.

아이의 자존감을 높여주는

엄마표 감정 놀이

초판 1쇄   발행일   2021년 8월 2일

지은이   노무라 에리
옮긴이   이정미
펴낸이   유성권

편집장   양선우
책임편집   임용옥   편집   신혜진 윤경선
해외저작권   정지현   홍보   최예름 정가량   디자인   프롬디자인 박정실
마케팅   김선우 강성 최성환 박혜민 김민지
제작   장재균   물류   김성훈 고창규

펴낸곳   ㈜이퍼블릭
출판등록   1970년 7월 28일, 제1-170호
주소   서울시 양천구 목동서로 211 범문빌딩 (07995)
대표전화   02-2653-5131 | 팩스 02-2653-2455
메일   loginbook@epublic.co.kr
포스트   post.naver.com/epubliclogin
홈페이지   www.loginbook.com
인스타그램   @book_login

로그인 은 ㈜이퍼블릭의 어학·자녀교육·실용 브랜드입니다.

아이의 자존감을 높여주는

엄마표 감정 놀이

노무라 에리 지음 ｜ 이정미 옮김

로그인

편집자 주

이 책의 원서는 본래 어린이집의 선생님을 대상으로 쓰인 책입니다.
어린이집 등의 돌봄 기관의 선생님들이 아이들과 함께 할 수 있는 50가지 감정 놀이와
선생님들끼리 할 수 있는 10가지 감정 놀이를 담고 있습니다.

책에서 소개하고 있는 놀이들은 돌봄 기관의 선생님뿐 아니라
엄마, 아빠를 비롯해 아이를 돌보는 사람이라면 누구나 손쉽게 할 수 있을 정도로 정말 간단합니다.

아이의 감정을 누구보다 잘 알고 싶고, 알아야 할 사람은 역시 엄마가 아닐까요?
일상생활에서 쉽게 해볼 수 있는 다양한 감정 놀이들을
엄마가 직접 내 아이와 할 수 있다면 아이와 엄마 모두에게 의미 있는 시간이 될 거예요.
그래서 이 놀이들을 엄마가 주도하는 방식으로 살짝 바꿔보았습니다.

집에서 아이와 보내는 시간이 길든 짧든 우리는 한공간에서 감정을 표현하며 함께 살고 있습니다.
50가지 감정 놀이로 서로가 마음을 솔직하게 드러낼 수 있는
건강한 관계를 쌓는 뜻깊은 시간을 보내기 바랍니다.

들어가며

먼저 이 책을 기다려주신 모든 분께 진심으로 감사드립니다. 이 책의 출간을 누구보다 기다렸던 사람은 바로 저였답니다. 다행히 많은 분들의 응원에 힘입어 짧은 시간 안에 원고를 완성할 수 있었습니다.

이 책은 제가 그간 출간했던《선생님을 위한 분노 관리 입문》과《아이의 '화' 다루는 방법》에 이어지는 작품으로, 놀이를 통해 배우는 '감정 교육과 감정 소통'을 다루고 있습니다.

감정 커뮤니케이션에 대해 차분히 공부하고 싶어도 아이를 돌보는 것이 최우선인 엄마, 아빠에게는 가만히 앉아 책을 들여다볼 시간이 부족한 게 사실이죠. 그래서 휙 펼쳐 읽고 바로 활용할 수 있는 놀이 중심의 책을 만들어야겠다고 생각했습니다. 아이를 돌볼 때 가장 많이 하는 활동인 '놀이'와 제가 전달하고 싶은 '감정 소통'을 섞으면 틀림없이 효과적인 교육법이 되리라고 확신합니다.

떠오른 아이디어를 글로 옮기는 내내 설레고 두근거렸습니다. 제가 직접 아이들을 돌보던 어린이집 선생님 시절, 놀이 방법을 아이들에게 설명해줄 때 그 누구보다 제가 가장 설렜던 기억도 떠오르더군요.

이 책은 순서대로 읽을 필요는 없습니다. 관심이 가거나 바로 놀이해보고 싶은 부분부터 읽으면 됩니다. 알차게 구성한 놀이용 활동지는 부록으로 담았으니 언제든 복사해서 편리하게 활용하세요.

어린이집 현장을 떠난 지 시간이 꽤 흐른 저로서는, 아이를 직접 돌보는 엄마들이 이 책으로 아이와 놀아준다는 사실이 참 기쁩니다. 책에 나온 놀이를 통해 아이들의 감성 이해력과 표현력이 자라나고, 나와 상대방을 소중하게 여기는 감정 소통 능력이 자연스럽게 아이의 몸에 배기를 바랍니다.

노무라 에리

CONTENTS

하루 10분 놀면서 배우는 마음 표현
엄마표 감정 놀이

아이를 위한 감정 놀이 50

PART 1

아이의 감정 발달을 위해
엄마가 꼭 알아야 할 것들

01

아이와 마음을 나누고 있나요

엄마표 감정 놀이가 필요한 이유

이 책의 목표는 놀이를 통해 내 아이의 '감정 이해력, 감정 표현력, 감정 수용력'을 높이는 데 있어요. 엄마와 함께 다양한 감정 놀이를 재미있게 즐기면서 감정을 조절하는 방법을 배우다 보면 아이는 다른 사람들에게 신뢰감을 갖고 편안한 마음으로 하루하루를 보낼 수 있게 됩니다. 우리 집이 아이에게 안정감을 주고 솔직하게 감정을 표현할 수 있는 공간이 된다면 아이의 감정 이해력과 표현력은 더욱 높아질 거예요.

따라서 아이가 자신의 기분을 표현했을 때 엄마가 이를 받아들이고 이해해주는 상호작용이 매우 중요합니다. 이러한 경험을 많이 쌓은 아이는 앞으로도 잔잔한 호수처럼 안정된 마음으로 살아갈 수 있어요. 아이가 자신의 마음을 표현했을 때 부정당하거나 비난받지 않고 "그렇구나, 어떤 마음인지 알 것 같아"라는 말을 엄마에게 듣게 되면 아이의 기초 능력은 물론 의욕도 자연스럽게 올라갑니다.

엄마와의 상호작용을 통해 감정을 이해하고 표현하는 능력을 꾸준히 기른 아이는 어느 순간 가정을 넘어 또래 친구들과도 자연스럽게 마음을 표현하고 그들의 마음을 이해하게 됩니다. 자신의 마음을 제대로 이해하고, 표현하고, 이해받았던 경험은 상대방의 감정을 살피고, 이해하고, 받아들일 줄 아는 마음의 여유를 만들어줍니다.

감정 소통이란

그렇다면 감정의 이해력과 표현력 그리고 수용력은 어떻게 기를 수 있을까요?

이는 매우 간단합니다. 항상 아이의 마음을 소중히 생각하면서 이야기 나누기만 하면 됩니다. 그리고 이것이 바로 '감정 소통'입니다. 엄마가 아이의 기분에 적절하게 반응하며 감정을 표현해주면 아이는 엄마의 모습을 보고 배우게 돼요. 서로의 감정을 소중히 여기고 말하는 감정 소통을, 오랜 시간을 함께 보내는 엄마가 평소에 꾸준히 해주면 아이에게 감정을 소중히 생각하는 마음이 자연스럽게 자라납니다.

> **POINT** 마음이 넓은 아이로 키우는 법

자신의 마음을 소중히 여기는 아이

행동 뒤에 숨어 있는 진짜 마음

아이가 아직 말을 못 하는 만 0~1세 때에는 작은 몸짓이나 행동을 보고 마음을 파악해서 말로 표현해주세요. "기저귀가 젖어서 기분이 안 좋았구나", "열심히 놀았으니까 이제 졸리지?", "벌써 점심시간이네, 배고프겠다"처럼 아이의 우는 행동 뒤에 숨어 있는 감정을 생각하며 말을 걸어주시면 돼요. 엄마가 반복해서 아이의 마음을 말로 표현해주면 아이는 자신의 기분과 언어를 조금씩 일치시키면서 감정을 표현하는 어휘를 배워갑니다.

만 1세 중반부터 말이 트이면서 만 2~3세쯤이 되면 "싫어"라고 자주 말하는 시기가 찾아 옵니다. 아이가 자신의 마음과 직접 마주하는 때가 된 거예요. 이때도 싫다는 아이의 말 뒤에 숨어 있는 감정을 헤아려서 말로 표현해주세요. 애매한 자신의 기분을 엄마가 이유나 원인과 함께 말로 표현해주면 아이는 이를 통해 자신의 마음을 깨닫게 됩니다.

엄마의 감정 어휘력

이 시기에는 감정 이해력이 자라면서 감정 표현력도 서서히 생기기 시작합니다. 처음에는 엄마의 말을 통해 자신의 감정을 이해하는 수준에 머물지만, 점차 엄마의 말을 따라 하면서 조금씩 감정을 표현하게 됩니다. 아이가 엄마의 말을 따라 하기 시작했다면 감정 표현력이 생기고 있다는 신호로 받아들여주세요.

이때 엄마가 점점 더 다양한 어휘와 표현으로 감정을 언어화해주는 게 중요합니다. 많은 어휘를 알수록 다양한 감정 표현이 가능해지니까요. 아이는 감정과 언어를 일치시켜나가면서 마음속에 피어나는 다양한 감정을 그냥 버려두지 않고 더욱 소중히 여기게 됩니다.

> **POINT** 풍부한 감정 어휘력은 풍부한 감정 표현의 바탕

다양한 감정을 느끼기 위한 전제 조건

왜 마음은 수시로 달라질까

우리는 하루에 몇 개의 감정을 느낄까요? 오늘은 어떤 하루였는지 잠시 생각해봅시다. 즐거웠나요? 지루했나요? 속상했나요? 뿌듯했나요? 가만히 떠올려보면 우리의 감정은 하나가 아니라 그때그때 수시로 달라집니다.

어떤 행동을 하면 그에 따른 감정이 마음속에 일어납니다. 그다음 행동을 하면 거기서 또 다른 감정이 생겨나죠. 순간순간 우리 마음 안에는 다양한 감정이 솟아나고, 자연스럽게 피어난 감정에 귀를 기울이면 자신의 상태를 객관적으로 받아들일 수 있습니다. '나는 지금 행복하구나', '진짜 힘들다', '정말 만족스러웠어', '애썼어'처럼 행동 뒤에 따라오는 감정에 집중하며 지금 내가 어떤 기분인지 생각하는 것이 자신의 감정을 이해하는 첫걸음이랍니다.

마음을 마음껏 표현할 수 있으려면

아무리 다양한 경험을 했더라도 자신의 감정을 마주하는 방법을 모른다면 우리는 느끼지도 깨닫지도 못할 거예요. 아무리 열심히 궁리해서 다양한 방법으로 아이와 놀아줬더라도 엄마의 마지막 질문이 "참 재미있었다, 그치?"라는 한마디가 전부라면 아이의 감정 표현력은 자랄 수 없어요. "나는 지금 이런 기분을 느꼈어" 하고 계속해서 다양한 감정을 말해줘야 아이에게 감정 표현의 본보기가 됩니다. 아이는 엄마를 가까이 지켜보면서 어떻게 마음을 전달해야 하는지 배우거든요.

엄마가 평소 자신의 기분을 자주 표현하면 아이도 자신의 마음을 쉽게 표현할 수 있어요. 어떤 마음이든지 숨기지 않고 편안하게 드러낼 수 있는 환경은 아이의 능력과 자질을 키우는 데 큰 도움이 됩니다.

POINT   "참 재미있었다" 이게 최선인가요?

'기쁨' 이해하기

나누면 배가되는 감정

'기쁨' 하면 어떤 느낌이 드나요? 아마도 긍정적인 감정을 생각하는 사람이 많을 거예요. 기쁠 때 함께 기뻐해주고 나 역시 기쁘다고 말해주고 행복을 같이 나눌 수 있는 사람이 옆에 있다면 아이의 마음은 사랑으로 넘치고 평온해집니다.

그래서 아이와 기쁨의 감정을 공유하는 시간은 매우 중요합니다. 기쁜 마음에 공감해주고 이를 함께 나누다 보면 아이는 점점 더 쉽게 감정을 표현하게 됩니다. 다행히 긍정적인 감정은 겉으로 드러나기 쉬워서 엄마가 알아차리기도 쉽죠.

기쁨을 다른 사람과 함께 나누는 경험을 반복하다 보면 상대방이 기뻐하는 모습에 또다시 기쁨을 느끼는 시기가 찾아옵니다. '기쁨'의 감정은 나에게서 시작되든 다른 사람에게서 시작되든 우리는 똑같이 행복을 느낄 수 있어요.

감사하는 마음 전하기

감정에는 전염력이 있어요. 특히 긍정적 에너지로 넘치는 기쁨의 감정이 우리 집에 퍼져 있으면 아이를 돌보기가 훨씬 수월해지겠죠?

우리 집을 기쁨으로 채울 수 있는 가장 쉬운 방법은 "고마워" 하고 감사하는 마음을 전하는 거예요. 고맙다는 말은 시도 때도 없이 해도 좋아요. 엄마의 고맙다는 말 한마디는 아이의 마음속에 기쁜 감정을 샘솟게 합니다. 기쁨의 긍정적인 에너지 덕분에 아이는 더 적극적으로 바뀌고 생기가 넘치게 돼요. 늘 감사하는 마음을 표현하는 환경에서 자란 아이는 고맙다는 말을 자연스럽게 하기 마련입니다.

기쁨의 에너지가 돌고 도는 공간에서는 사람과 사람 사이의 관계가 좋을 수밖에 없습니다. 아이 마음속의 기쁜 감정을 끌어내어 모두 함께 기쁨을 만끽할 수 있는 시간을 만들어보세요.

> **POINT** 행복은 기쁨의 강도가 아니라 기쁨의 빈도

05

'분노' 이해하기

왜 분노에 대해 배워야 할까

'분노'는 희로애락 중에서 가장 성가신 감정입니다. 어른도 쉽게 조절하기 힘든 감정이죠. 그러니 아이는 얼마나 더 조절하기 어렵겠어요.

아이에게 짜증과 화를 내면 안 된다는 걸 알면서도 오늘도 결국엔 욱하고 화를 내고 말았다며 고민하는 엄마들이 많습니다. 분노의 감정을 제대로 이해하고 배워두어야 하는 이유가 여기에 있어요. 분노에 대해 배우면 자신의 감정을 통제하고 조절할 수 있게 되고 다른 사람의 부정적인 감정 표현에도 능숙하게 대처할 수 있습니다.

분노 조절의 효과

분노는 마음속에서 자연스럽게 솟아나는 감정 중 하나로, 다른 감정들에 비해서 에너지를 많이 소모하는 것이 특징이에요. 하루 종일 화가 난 상태로 지내다 금세 지쳐버렸던 경험은 누구나 한 번쯤은 있을 거예요. 이처럼 마음이 화로 가득 차 여유가 없으면 아이를 잘 돌볼 수 없고, 그 상태로 육아를 계속하는 건 엄마도 아이도 괴로울 뿐입니다. 하지만 분노를 잘 조절할 수 있으면 자존감을 높이는 데도 도움이 됩니다. 울컥 올라왔던 화를 있는 그대로 표출하지 않고 잘 다스렸다고 상상해보세요. 스스로가 굉장히 대견하게 느껴지지 않나요?

감정 놀이를 반복하다 보면 엄마와 아이 모두 자신의 마음과 마주할 기회가 많아집니다. 그중에서 분노가 생각보다 많을지도 몰라요. 이 책에는 분노를 폭발시키지 않고 기분을 전환할 수 있도록 도와주는 놀이나 분노에 대한 말놀이도 소개하고 있습니다. 아이의 발달 정도에 따라, 상황에 따라 적절하게 활용해보세요.

> **POINT** 육아는 참는 게 아니라 기다려주는 것

06

'슬픔' 이해하기

당당하게 울자

'슬프다'라는 뜻을 가진 한자로는 비(悲), 애(哀), 오(嗚) 등이 있어요. '희로애락'에 쓰인 한자어는 '애(哀)'지만 세 한자 모두 '원통한 일을 겪거나 불쌍한 일을 보고 마음이 아프고 괴롭다'는 뜻으로 쓰입니다. 슬픔을 나타내는 한자가 다양하듯이 우리가 느끼는 '슬픔'이라는 감정도 상황에 따라 '마음이 아프다, 괴롭다, 불쌍하다, 서럽다, 우울하다'처럼 여러 가지로 나눌 수 있어요. 감정 이해력이 높아져 자신의 마음을 마주할 수 있게 되면 지금 내가 느끼는 슬픔이 괴로움인지 불쌍함인지 아니면 우울함인지 알 수 있게 되고, 그에 맞는 더 다양한 표현도 할 수 있을 거예요.

이 슬픔이란 감정을 주저 없이 표현할 수 있는 환경은 매우 소중합니다. 아이가 슬퍼하거나 크게 울면서 감정을 밖으로 드러낼 때, "슬프구나, 많이 힘들지" 하며 머리를 쓰다듬어주고 안아주면 아이는 자연스럽게 울음을 그칩니다. 자신의 감정을 이해받으면 응어리진 마음이 풀어지거든요. 하지만 슬픔이나 괴로운 감정을 제대로 소화하지 못하면 언젠가 감정이 폭발하고 맙니다. 응어리진 감정을 폭발조차 시키지 못한 아이는 점점 무표정으로 변해가고 마음을 닫아버리게 돼요.

혼자서는 이겨내기 힘든 감정

엄마가 자신의 슬픈 마음에 공감해주면 아이는 자신의 감정을 조절하고 앞을 향해 나아갈 힘을 얻습니다. 슬픔과 괴로움, 억울한 마음 등을 이겨내기란 어른들에게도 쉽지 않은 일이죠. 그럼에도 우리가 스스로를 달래고 납득시키며 감정을 조절할 수 있게 된 것은 어린 시절 우리 마음을 소중히 여겨준 주변의 어른들 덕분 아닐까요?

영유아기 때부터 누군가의 도움으로 슬픈 감정을 이겨내는 경험이 쌓이다 보면 점점 스스로 슬픔을 극복할 수 있을 뿐 아니라 다른 사람의 슬픔을 이해하고 위로하는 배려심이 싹틉니다.

POINT **눈물의 디톡스 효과**

07

'즐거움' 이해하기

아이의 주체성을 높이는 히든카드

아이들은 "신난다", "재미있다"와 같은 즐거운 감정 표현을 가장 많이 해요. 그래서 엄마도 아이가 매일 재미있게 활동할 수 있도록 여러모로 애를 쓰고 있죠. 즐거운 기분으로 하는 놀이는 주체적이게 되고 의욕도 높여서 아이의 능력을 단숨에 끌어올려줍니다.

아이와 어떤 놀이를 할지 정할 때, 가장 먼저 아이가 즐겁게 할 수 있는지를 따져보세요. 엄마의 의욕만 앞선 선행학습식 놀이는 아이가 진심으로 즐기며 능동적으로 참여하기 힘들어요. 매일 함께 보내는 시간 속에서 아이가 가진 능력을 충분히 발휘시키면서도 재미있게 참여할 수 있는 중간 지점을 적절하게 찾아보세요. 그래야 아이도 즐거움을 느끼며 놀이에 적극적으로 참여할 수 있답니다.

이 책을 읽고 있는 당신은 아이를 돌보는 게 즐겁나요? 즐거운 마음은 아이뿐 아니라 엄마에게도 중요해요. 엄마가 즐거워야 아이를 잘 돌볼 수 있으니까요. 즐거운 감정은 아이와 엄마 모두의 의욕을 올려주는 강력한 에너지입니다.

놀면서 배우는 아이들

아이의 마음에 공감해주는 방법에는 '언어적 공감, 신체적 공감, 감각적 공감'이 있습니다. 엄마는 아이의 연령과 상황에 맞게 적절한 방법을 이용해 아이의 마음에 공감해줘야 해요. 엄마의 공감은 아이가 자신의 마음을 이해하는 첫걸음이거든요.

앞서 말했듯이 이 책의 목표는 놀이를 통해 아이의 '감정 이해력, 감정 표현력, 감정 수용력'을 높이는 거예요. 즐거운 놀이를 통해 아이의 의욕을 끌어올리고 감정을 조절할 수 있는 기반을 만들어주는 데 있죠. 일일이 가르치기보다는 놀이에 즐겁게 참여하는 동안 자연스럽게 몸으로 터득하도록 도와주세요.

먼저 엄마가 '희로애락'에 대해서 충분히 이해한 후에 책에 있는 놀이를 활용해주세요. 재미있게 놀이하는 동안 아이의 감정 조절력은 조금씩 향상될 거예요. 아울러 엄마도 재미있게 즐기는 게 중요합니다.

> **POINT** 아는 사람은 좋아하는 사람만 못하고, 좋아하는 사람은 즐기는 사람만 못하다 - 공자

엄마표 감정 놀이를 위한 사전 준비

감정 어휘력 테스트

아이와 함께 감정 놀이를 진행하다 보면 다양한 감정을 만나게 될 거예요. 자신과 아이의 감정에 마주했을 때, 이를 올바르게 이해하고, 표현하고, 수용하기 위해서는 감정을 표현할 수 있는 어휘를 많이 알아둘 필요가 있습니다.

지금 우리는 감정을 표현하는 말을 얼마나 알고 있을까요? 아래 칸에 생각나는 대로 적어보세요.

얼마나 적으셨나요? 20개 정도를 막힘없이 쓸 수 있다면 일단 합격입니다.

감정 어휘 익혀두기

감정을 표현하는 말을 좀 더 알아볼까요?

기쁘다, 즐겁다, 행복하다, 기분이 좋다, 속이 시원하다, 만족스럽다, 유쾌하다, 마음이 편안하다, 감사하다, 고맙다, 귀엽다, 멋있다, 하늘을 날 것 같다, 감동하다, 누그러지다, 마음이 풀어지다, 안정되다, 설레다, 흥분하다, 자랑스럽다, 그립다, 사랑스럽다, 불쌍하다, 좋아하다, 동경하다, 신경 쓰다…

위에 적은 단어는 감정을 표현하는 말의 극히 일부분일 뿐이에요. 감정 어휘를 많이 알면 인간관계가 한층 원만해집니다. 감정 어휘를 자유자재로 구사할 수 있도록 부록(167~168쪽 참고)을 참고하여 조금씩 익혀두세요.

POINT **감정 표현 100가지 떠올려보기**

마음을 표현하는 말 가르치기

알아야 표현한다

아이가 알고 있는 감정 어휘는 한정되어 있습니다. 주변의 어른들이 사용하는 어휘가 적다 보니 아이가 다양한 어휘를 익히지 못하는 것도 당연한 일이죠. 가끔 강의 중에 부모님들이나 선생님들에게 감정을 표현하는 말을 써보도록 할 때가 있는데, 다들 쉽게 떠올리지 못해 애를 먹는 모습을 많이 봤어요.

지금까지 줄곧 감정이 풍부한 아이로 자라기 위해서는 감정을 이해하고, 표현하고, 수용할 수 있어야 한다고 말해왔습니다. 하지만 알고 있는 감정 어휘가 많지 않으면 이 모든 과정에 어려움이 따를 수밖에 없어요. 만 4~5세 무렵이 되면 여러 가지 이야기와 체험을 통해 다양한 표현을 습득하여 알고 있는 단어 수가 2,000개를 웃돌기 시작해요. 이 시기에 되도록 많은 감정 어휘를 가르쳐주면 이 책에서 소개하는 놀이를 더 재미있게 즐길 수 있을 거예요.

유튜브를 이겨라

요즘에는 영유아기 때부터 스마트폰이나 태블릿 PC, 게임과 유튜브 등에 쉽게 노출되어서 아이의 언어 능력이 점점 낮아지고 있죠. 옛날에 비해 가족 수도 적어지고 맞벌이나 한부모 가정이 늘다 보니 아이와 마주 앉아 서로의 기분에 대해 이야기 나눌 시간이 많지 않은 것도 사실이고요.

이럴 때일수록 엄마의 역할이 더욱 중요합니다. 어린이집이나 유치원 선생님에게 의지하기보다 우리 집에서 감정 교육과 놀이를 직접 실천해보세요. 아이와 함께 감정 소통 및 놀이를 진행하다 보면 아이와 긍정적인 관계를 맺는 데 큰 도움이 됩니다. 집에서 아이가 감정 놀이를 자주 접하면 접할수록 아이의 감정 소통 능력은 더욱 향상됩니다.

> **POINT** 감정 어휘를 가르칠 때는 표정까지 곁들일 것

10

엄마표 감정 놀이의 효과

노는 게 전부가 아닌 놀이

엄마가 직접 감정 놀이를 하면 우리 아이를 더 깊이 이해할 수 있어요. 놀이를 가볍게 생각하지 마세요. 놀이에는 양육의 질을 높일 수 있는 다양한 힌트가 가득 들어 있답니다. 특히 감정 놀이는 아이와 재미있게 같이 놀았을 뿐인데 아이가 어떻게 느끼고 생각하는지 알 수 있어요. 감정 놀이를 반복하다 보면 훈련의 효과가 조금씩 나타나면서 아이의 마음과 생각이 보이기 시작합니다. 무엇을 좋아하고 싫어하는지, 어떻게 하고 싶은지 아이의 욕구도 드러나지요.

이 책의 감정 놀이들은 주로 자신의 마음을 생각해보고 말로 표현하는 데 중점을 두고 있습니다. 그러는 동안 한 발짝 물러서서 자신의 마음과 생각을 객관적으로 바라보는 기회도 얻게 됩니다. 평소에는 잘 표현하지 못했던 마음을 '놀이'라서 주저 없이 표현하기도 해요. 덕분에 엄마는 아이의 마음을 더 깊이 이해할 수 있죠.

아이와 엄마 모두가 후련해지는 시간

놀이를 할 때는 엄마도 솔직하게 자신의 마음을 말해주세요. 아이는 엄마의 말을 열심히 들어줄 거예요. 이를 통해 엄마도 응어리진 감정이 배출되어 치유받는 느낌을 받을 수 있어요. 엄마가 솔직하게 자신의 감정을 표현하면 아이도 마음이 편안해지고 자신의 감정을 드러내기 쉬운 상태가 됩니다.

물론 아이에 따라 어떻게 말해야 할지 모르거나 자신감이 부족할 수도 있어요. 이럴 때는 "듣고 있으니까 말해줘", "규칙이니까 말해야 해"라면서 억지로 강요하지 마세요. 일단은 같은 공간에 있는 것만으로도 충분합니다. 조급해하지 말고 엄마가 놀이를 통해 꾸준히 감정을 표현하는 모습을 보여주세요. 시간이 지나면 엄마를 따라 하며 자신의 마음을 이야기하고 싶어지는 때가 찾아옵니다. 아이는 누구나 "있잖아요, 엄마" 하고 말하고 싶어 합니다. 그때를 놓치지 말고 "기분을 알려줘서 정말 고마워"라고 마음을 담아서 아이의 솔직한 감정을 받아들여주세요.

POINT **우리는 놀이하는 인간, 호모루덴스(Homo Ludens)**

11

감정 소통하는 우리 집 만들기

가족뿐 아니라 친구들과도

엄마와 함께 하는 감정 놀이에 어느 정도 익숙해졌다면 아이들끼리 감정 놀이를 해볼 수 있는 환경을 만들어보세요. 지금까지 했던 놀이판이나 준비물을 눈에 잘 띄는 곳에 놓아둡니다. 부록에 있는 자료를 활용해도 좋아요. 언제든 감정 놀이를 할 수 있는 환경이 구축되면 감정을 이해하고 표현하는 연습이 아이의 일상에서 자연스럽게 이루어집니다.

자신과 다른 사람의 감정을 이해할 수 있는 감정 소통 능력을 영유아기 때부터 키워줄 수 있다면 이 능력은 앞으로의 인생을 살아가는 데에 든든한 밑바탕이 될 거예요.

모든 걸 혼자 하지 말자

아이를 키우면서 엄마는 수도 없이 고민에 빠집니다. 많은 엄마들의 고민은 '독박육아'에서 비롯된 게 많아요. '아이와 남편의 애착 관계가 형성되지 않은 것 같다', '나도 내 시간을 갖고 싶다' 등등 이러한 엄마의 고민을 해결하는 데에도 감정 놀이는 큰 도움이 됩니다.

아이 아빠를 비롯해 주변의 아이 친구 엄마들과 이 책의 후반부에서 소개하고 있는 어른을 위한 감정 놀이로 감정 소통을 시도해보세요. 답답하고 우울했던 마음을 털어놓기만 해도 어느 정도 쌓였던 부정적인 감정이 해소됩니다.

아이를 씻기면서 혹은 오가는 차 안에서, 틈날 때마다 할 수 있는 놀이는 많습니다. 책에 들어 있는 놀이 중 괜찮다고 생각되는 것이 있다면 꼭 아빠에게도 소개해보세요. 아빠와 아이가 자신의 감정에 대해서 이야기 나누는 시간이 늘어납니다.

POINT **아이와 함께 자라는 부모**

12

영아를 위한 감정 놀이

발달 상태에 따라 달라지는 감정 소통법

언어 발달에는 개인차가 있어서 감정을 언어로 표현하는 시기는 아이마다 다릅니다. 하지만 말을 못 하는 영아기 때에도 자신의 기분을 신경 쓰면서 돌봐주는 엄마의 따뜻한 마음은 분명하게 느낄 수 있어요. 만 1세 중반부터는 운동기능이 발달해서 활동 영역이 점차 넓어지고 사람과 사물에 대한 호기심도 커집니다. 이 무렵부터 사물과 언어를 일치시키면서 아는 단어가 늘어나기 시작하고, 만 2~3세가 되면 자아가 싹트기 시작해 '제1차 반항기'가 찾아옵니다. 나와 남을 구분하고 자신의 생각과 욕구를 강하게 주장하죠. 반면 친구의 욕구는 쉽게 받아들이지 못해서 다투는 일이 잦아집니다.

아이들의 싸움에서 엄마가 중재자 역할을 할 때는 단순히 싸우지 말라며 행동을 멈추게 하기보다는 감정 소통을 의식하며 대화를 시도해주세요. 엄마가 건네는 말 한마디, 행동 하나에도 아이들의 기분은 수시로 바뀝니다. 두 아이의 마음을 모두 소중히 여기면서 언어로 표현해주면 아이들은 자신의 감정을 깨닫게 되고, 나와 다른 사람의 감정을 긍정적으로 받아들일 수 있습니다.

영아의 애착 형성과 정서 안정

아이가 아직 많이 어리다면 스킨십이나 표정 짓기, 노래나 몸을 이용한 감정 놀이가 좋습니다. 영유아기 때부터 이러한 감정 놀이를 통해 감정의 이해력과 표현력, 수용력이 자라난 아이는 살아가는 데 꼭 필요한 '안정된 정서'를 갖게 됩니다. 하루하루 편안한 마음으로 다른 사람을 믿고 따르면서 지내는 아이에게는 무엇이든지 할 수 있는 자신감과 어려운 일을 극복할 수 있는 용기가 생깁니다.

POINT **감정 소통의 싹을 틔우기 좋은 시기**

13

어른에게도 필요한 감정 놀이

완벽한 사람은 없다

이 책의 마지막 부분에는 엄마나 아빠를 비롯해 아이 친구의 엄마 등 아이를 돌보는 어른을 위한 감정 놀이를 수록했습니다. 아이를 돌보는 어른의 감정 조절 능력도 아이 못지않게 중요하기 때문이죠.

요즘에는 육아에 대한 정보가 워낙 다양해서 엄마 혼자서는 해결할 수 없는 문제가 늘고 있어요. 그래서 아이를 잘 키우기 위해서는 개개인의 노력도 중요하지만, 주변 사람들과 협력하고 함께 모여 배우는 과정이 꼭 필요합니다.

아이를 키우는 사람들끼리 서로 지지하고 함께 배우면서 긍정적인 관계를 맺으면 육아의 질이 올라갑니다. 엄마나 아빠, 아이 친구의 부모님 등등이 서로를 지지해주고 함께 배워나가며 부족한 부분을 채우려는 노력을 해야 해요.

기분이 태도가 되지 않으려면

집에서 아이를 돌보거나 어린이집이나 유치원에서 일하는 선생님은 대부분 여성입니다. 연구에 따르면 여성은 남성보다 더 쉽게 스트레스를 받는다고 해요. 행복 호르몬이라고 불리는 세로토닌의 생산 능력이 남성에 비해 50%나 떨어지기 때문이죠. 따라서 육아의 질을 높이려면 스트레스를 잘 관리할 수 있는 환경을 갖추는 것이 중요합니다.

스트레스를 잘 관리하기 위해서는 주변 사람들과의 관계가 좋아야 합니다. 인간관계에서 오는 스트레스가 가장 견디기 힘든 법이니까요. 물론 때로는 지나치게 생각이 부족하거나 사고방식을 이해하기 어려운 사람이 있을 수도 있어요. 이럴 때는 한자리에 모여 감정 놀이를 해보세요. 교육 방법이나 기술을 알려주기보다는, 서로를 이해할 수 있는 시간을 마련하는 편이 훨씬 의미 있습니다.

POINT **내 감정에, 타인의 감정에 압도당하지 않기**

14

마음 잘 통하는 육아 동지 찾기

상대가 이해가 안 될 때

이 책에서는 아이를 돌보는 어른들을 위해서 아래와 같이 다양한 감정 놀이를 소개하고 있습니다.

- 자존감을 높이는 놀이
- 다양한 입장에 놓인 사람의 감정을 생각해보며 감정 이해력을 높이는 놀이
- 역할 놀이를 통해 소통하면서 감정 표현력을 높이는 놀이
- 주변 분위기를 파악하는 능력을 기르는 놀이
- 감정 수용력을 키우는 놀이
- 주변 사람들의 장점을 찾아보는 놀이

위 놀이는 '감정 이해력, 감정 표현력, 감정 수용력'을 높이기 위한 활동입니다. 즐겁게 참여하되 반드시 이와 같은 목적의식을 가져주세요. 놀이를 통해 평소에는 볼 수 없었던 상대방의 새로운 면을 발견하게 될 거예요.

감정 놀이의 일상화

감정 놀이를 통해 서로의 마음을 이해하면 커뮤니케이션이 훨씬 원활해집니다. 또한 아이들과 마찬가지로 어른들도 즐겁게 놀이하면서 배우면 학습 효과가 배가됩니다. 평소 '불편하다', '나랑 맞지 않는다'고 생각했던 사람도 놀이를 통해 서로의 마음을 알게 된다면 지금까지와는 다른 시선으로 바라보게 될 거예요.

이 책을 통해 감정 놀이가 일상적으로 이루어지는 양육 환경이 갖춰지기를 바랍니다.

POINT **지피지기, 역지사지**

15

하루 10분, 높아지는 아이 자존감

특별한 준비물 없이 지금 바로 시작

이 책에는 아이의 감정 이해력, 감정 표현력, 감정 수용력을 길러주는 총 50가지의 감정 놀이법이 들어 있습니다. 감정 놀이를 자주 접할수록 아이의 정서는 안정되고 마음에 여유가 생겨날 거예요.

PART 2부터는 2쪽에 걸쳐 놀이를 1가지씩 소개하고 있습니다. 어디든 휘리릭 펼치기만 하면 해당 놀이에 관련된 모든 것을 한눈에 볼 수 있어요.

딱 내 아이를 위한 맞춤 놀이

1~50번까지는 아이를 위한 놀이입니다. 아이를 위한 놀이는 스킨십이나 몸을 활용한 놀이, 주사위 던지기, 카드 게임 등 다양한 방식을 통해 여러 가지 감정과 마주할 수 있도록 준비했습니다. 엄마랑 아이랑 할 수 있는 놀이, 가족들과 할 수 있는 놀이, 4명 이상의 친구들과 할 수 있는 놀이로 나뉘며 나중에는 엄마의 도움 없이 아이들끼리 할 수 있는 놀이도 있으니 다양하게 활용해보세요. 친구들과 해야 하는 놀이는 아이의 친구들이 놀러 왔을 때를 이용하거나 맘먹고 아이 친구들을 초대해서 함께 해도 좋겠지요.

놀이 방법은 얼마든지 바꿀 수 있습니다. 실제로 놀이를 해보면서 아이의 발달에 맞게 난이도를 조절해주세요. 책에 나온 규칙에 얽매일 필요 없습니다. 아이의 말, 몸짓, 표정 등을 살펴가며 아이가 편안하게 감정을 드러낼 수 있도록 도와주세요.

51~60번까지는 어른을 위한 감정 놀이입니다. 같은 공간에서 함께 생활하거나 빈번하게 만나며 소통을 해야 하는 사람들은 서로의 마음을 이해해야만 그 사람의 행동도 이해할 수 있습니다. 상대방의 행동 속에 숨겨둔 마음을 이해하면 조금 불편한 행동일지라도 받아들일 수 있죠. 특히 엄마, 아빠가 심적으로 긍정적인 관계를 맺으면 서로를 지지하고 인정하면서 존중하는 분위기가 만들어지고, 결과적으로는 양육의 질이 향상될 뿐 아니라 우리 집이 지금보다 훨씬 화목해질 거예요.

> **POINT** **놀 때는 최선을 다해 놀 것**

이 책의 놀이 활용법

필요 인원

각 아이콘은 놀이에 필요한 최소 인원수를 의미해요.
필요에 따라 인원수를 조절해보세요.

놀이의 종류

이 책에서 소개하는 놀이는 크게
감정 이해 놀이
감정 표현 놀이
감정 해소 놀이
3가지로 나뉘어요!

놀이명

놀이의 이름입니다.

 엄마랑 아이랑 둘이서 할 수 있어요.

 4명 이상의 친구들과 할 수 있어요.

 3명 이상의 가족끼리 할 수 있어요.

 아이를 돌보는 어른들끼리 할 수 있어요.

마음에 색을 칠해요

❸ 다 채우면 각각의 감정과 어울린다고 생각하는 색깔로 동그라미 안을 칠해요.

❹ 완성되면 자신이 고른 감정 어휘나 색깔에 대해 이야기를 나눠요.

놀이의 목적
✔ 마음속에는 여러 가지 감정이 있음을 배워요
✔ 감정을 표현하는 감정 어휘를 배워요

Tip 감정의 시각화

커뮤니케이션 능력과 감정 조절력을 키우기 위해서는 감정 어휘를 많이 알아야 해요. 감정 어휘를 배우고 이해하면 자신의 기분은 물론 상대방의 마음까지 헤아릴 줄 알게 되고, 서로의 감정을 소중히 여기는 마음이 자라기 시작합니다.

활동지는 부록에 들어 있어요. 아이가 써넣은 감정 어휘에 색깔을 칠하며 활동지의 하트가 화려해져요. 자유롭고 편안한 상태에서 쓰고 색칠할 수 있도록 옆에서 응원해주세요. 색연필이나 크레파스의 색이 많을수록 더 다양하게 표현할 수 있겠죠.

활동지가 완성되면 함께 이야기를 나눠보세요. 색깔로 시각화한 감정을 엄마와 공유하면 아이에게는 실내면서도 즐거운 시간이 될 거예요. 이야기가 다 끝나면 활동지를 벽에 붙여서 다른 가족들에게도 보여주세요. 가족끼리 감정 소통을 하는 계기가 된답니다.

준비
• 마음에 색을 칠해요 활동지(부록 158쪽 참고)
• 연필
• 색연필, 크레파스 등

놀이 순서
❶ 활동지를 1장씩 나눠 가져요
❷ 동그라미 안에 떠오르는 감정 어휘를 하나씩 적어요

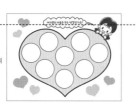

놀이의 목적

해당 놀이를 통해 얻을 수 있는 효과입니다.

놀이 순서

해당 놀이를 하는 순서입니다.
놀이의 규칙도 함께 알려줘요.

준비

놀이를 하기 전에 마련해야 할 것들을 알려드려요.

Tip

놀이를 더욱 재미있고 효과적으로 즐길 수 있게 도와주는
전문가의 특별한 꿀팁이 담겨 있어요.

PART 2

하루 10분 놀면서 배우는 마음 표현
엄마표 감정 놀이

아이를 위한 감정 놀이 50
어른을 위한 감정 놀이 10

아이를 위한 감정 놀이 50

감정 이해 놀이
감정 표현 놀이
감정 해소 놀이

하루 10분,
책에서 소개하는 감정 놀이로
아이와 즐겁게 놀아보세요.
즐겁게 노는 사이, 자신의 마음을 잘 표현할 줄 아는
몸과 마음이 건강한 아이로 자라게 됩니다.

놀이나 육아에 정답은 없습니다.
'정답' 대신 '아이 마음'을 찾아주는 가장 좋은 육아,
'엄마표 감정 놀이'입니다.

01

마음에 색을 칠해요

놀이의 목적

✔ 마음속에는 여러 가지 감정이 있음을 배워요
✔ 감정을 표현하는 감정 어휘를 배워요

준비

- 마음에 색을 칠해요 활동지(부록 158쪽 참고)
- 연필
- 색연필, 크레파스 등

놀이 순서

여러분의 마음은 무슨 색깔인가요?

❶ 활동지를 1장씩 나눠 가져요.

❷ 동그라미 안에 떠오르는 감정 어휘를 하나씩 적어요.

③ 다 채웠으면 각각의 감정과 어울린다고 생각
하는 색깔로 동그라미 안을 칠해요.

④ 완성되면 자신이 고른 감정 어휘나 색깔에 대
해 이야기를 나눠요.

부럽다→빨강
그립다→분홍

즐겁다→노랑
훈훈하다→갈색

Tip

감정의 시각화

커뮤니케이션 능력과 감정 조절력을 키우기 위해서는 감정 어휘를 많이 알아야 해요. 감정 어휘를 배우고 이해하면
자신의 기분은 물론 상대방의 마음까지 헤아릴 줄 알게 되고, 서로의 감정을 소중히 여기는 마음이 자라나기 시작합
니다.

활동지는 부록에 들어 있어요. 아이가 써넣은 감정 어휘에 색깔을 칠하면 활동지의 하트가 화려해져요. 자유롭고
편안한 상태에서 쓰고 색칠할 수 있도록 옆에서 응원해주세요. 색연필이나 크레파스의 색이 많을수록 더 다양하게
표현할 수 있겠죠.

활동지가 완성되면 함께 이야기를 나눠보세요. 색깔로 시각화한 감정을 엄마와 공유하면 아이에게는 설레면서도
즐거운 시간이 될 거예요. 이야기가 다 끝나면 활동지를 벽에 붙여서 다른 가족들에게도 보여주세요. 가족들끼리 감
정 소통을 하는 계기가 된답니다.

02

까꿍 퀴즈

놀이의 목적

✔ 상대방의 표정을 보고 어떤 기분인지 추측해요
✔ 표정과 어울리는 기분이 무엇인지 이유와 함께 설명할 수 있어요

준비

• 없음

놀이 순서

① 아이와 마주 보고 앉으세요.

② 아이에게 표정을 보고 어떤 기분인지 맞히는 놀이라고 설명해주세요.

③ "아르르르르르"라고 말하면서 양손으로 얼굴을 가리고 어떤 표정을 지어 보일지 생각합니다.

④ "까꿍!" 하면서 손을 펼치고 얼굴을 보여주며 생각해둔 표정을 지으세요.

⑤ 다시 양손으로 얼굴을 가린 다음 평소 표정으로 돌아옵니다.

⑥ 손을 내리고 아이에게 "엄마는 과연 어떤 기분이었을까?" 하고 물어보세요. (아이가 놀이에 익숙해지면 왜 그렇게 생각하는지 이유도 물어보세요.)

Tip **표정으로 기분 파악하기**

아이가 까꿍 놀이를 즐거워하는 이유는 좋아하는 엄마의 얼굴이 "까꿍" 소리와 함께 나타나는 순간이 기대되기 때문이에요. 어릴 때부터 자주 해봐서 친숙한 까꿍 놀이에 '희로애락'이라는 감정을 넣어서 즐겨보세요. 엄마의 표정이 다양하게 변하는 모습을 보고 아이는 재미있게 즐기는 동시에 표정에서 감정을 읽어내는 눈이 생깁니다.

어떤 기분인지 물어보는 것 외에도 "방금 표정은 '기쁘다'일까 '놀랍다'일까?"처럼 보기를 주어서 선택하게 하는 방법도 있어요. 엄마의 표정을 보고 아이는 자기 나름대로 어떤 기분인지 골똘히 생각합니다. 엄마는 아이가 왜 그 기분을 골랐는지 이유를 물어보고 자신이 생각했던 기분과 일치한다면 "엄마의 기분을 알아주다니 정말 기쁘다" 하고 칭찬해주세요. 반대로 대답이 살짝 어긋났을 경우에는 "아, 엄마 표정이 그렇게 보였구나"라며 일단 아이의 말을 받아들인 다음, "거의 비슷했지만 사실 이런 기분이었어" 하고 정답을 말해주세요.

까꿍!

감정 이해 놀이

03

온몸으로 말해요

놀이의 목적

✔ 비언어적 의사소통 방법을 배워요

✔ 비언어적 의사소통인 신체 동작으로 감정을 전달해요

✔ 비언어적 의사소통을 보고 상대방의 감정을 읽어요

준비

- 화이트보드
- 보드 마커

놀이 순서

1 먼저 엄마가 모델이 되어 퀴즈를 내주세요.

2 아이 앞에 서서 신체 동작이나 표정만으로 감정을 표현합니다.

3 아이는 엄마의 신체 동작이나 표정을 관찰한 다음 어떤 기분인지 맞혀요.

④ 정답을 맞히면 이번에는 아이가 출제자 역할을 맡습니다.

⑤ 아이가 문제를 내면 나머지 사람들이 답을 맞혀요. 엄마는 사람들의 대답을 모아 화이트보드에 적습니다.

⑥ 놀이가 끝나면 화이트보드에 적은 답변을 보면서 같은 동작을 보고도 사람마다 다른 감정으로 받아들일 수 있음을 알려주세요.

Tip **말하지 않아도 알 수 있는 감정**

비언어적 의사소통은 대화나 문자 이외의 수단으로 이루어지는 의사소통을 말합니다. 넌버벌 커뮤니케이션(nonverbal communication)이라고도 불리죠. 표정과 몸짓뿐 아니라 복장이나 사람 사이의 거리도 비언어적 의사소통에 포함되지만, 여기서는 몸짓, 자세, 표정, 시선, 눈의 움직임, 눈 깜빡임과 같은 신체 동작을 주로 활용해요. 비언어적 의사소통을 배우면 커서 다른 사람과 신뢰 관계를 쌓거나 부족한 언어를 보완할 때, 유용하게 사용할 수 있고, 또 상대방의 감정을 센스 있게 파악할 수도 있죠.

놀이를 시작하기에 앞서 비언어적 의사소통으로 사용되는 신체 동작의 종류를 설명해서 아이가 다양한 감정을 표현할 수 있도록 도와주세요. 또 문제를 내는 사람의 신체 동작을 유심히 관찰해야 감정을 파악할 수 있다는 점도 알려주세요.

이 놀이는 문제를 내는 사람과 맞히는 사람 모두 비언어적 의사소통을 배우고 익히는 데 도움이 됩니다. 아이에게 다른 사람들의 다양한 답변을 보여주면서 감정을 받아들이고 해석하는 방식이 사람마다 다를 수 있음을 알려주세요. 사람마다 같은 동작을 다르게 해석하는 것이 당연하고 자연스럽다는 사실을 깨닫도록 도와주세요.

감정 이해 놀이

행복의 블록 쌓기

놀이의 목적

✔ 우리의 일상 속에는 행복한 일이 많다는 사실을 깨달아요

✔ 사소한 일도 행복하게 받아들이다 보면 진짜 행복해진다는 점을 알게 돼요

✔ 행복의 블록을 높게 쌓아 시각적인 만족감을 얻어요

준비

• 나무 블록 등 위로 높게 쌓을 수 있는 놀잇감

놀이 순서

1️⃣ 3~4명 정도씩 팀을 만들어서 동그랗게 모여 앉습니다.

2️⃣ 1명당 10개씩 블록을 나눠주세요.
(블록의 종류에 따라 개수는 변경 가능해요!)

3️⃣ 순서를 정해서 첫 번째 아이부터 친구들에 게 행복했던 일에 관해 발표합니다.

④ 발표가 끝나면 블록을 한가운데에 내려놓아요.

⑤ 두 번째 아이도 마찬가지로 행복했던 일에 관해 발표하고 블록을 하나 쌓아 올려요.

⑥ 갖고 있는 블록을 다 쓸 때까지 돌아가며 행복했던 일을 발표하며 친구들과 협동해서 블록을 가능한 높게 쌓아요. 블록을 쓰러뜨리지 않고 가장 높게 쌓은 팀이 1등입니다.

Tip 소소하지만 확실한 행복 찾기

놀이를 시작하기 전에 먼저 엄마가 아이들에게 행복했던 일에 대해 이야기해주세요. 아무리 사소한 일이라도 자신이 행복함을 느꼈다면 그것이 진짜 행복이라는 점을 알려주세요. "아침밥이 맛있었어요", "꽃이 예쁘게 피었어요", "기분 좋게 인사했어요"처럼 구체적으로 설명하면 아이들도 자신의 경험을 떠올리기가 수월해지겠죠?

블록은 크기에 따라 수를 조절해주세요. 아이가 쌓아 올릴 수 있는 높이를 고려해서 아슬아슬하게 쓰러지지 않을 정도로만 나눠주면 긴장감이 올라가서 놀이가 더욱 흥미진진해집니다. 아이들이 열심히 참여하도록 팀별로 경쟁을 시켰지만, 승패보다는 다 같이 힘을 합쳐 행복의 블록을 쌓는 것이 더 중요하다는 점을 꼭 알려주세요.

친구들의 행복했던 일을 듣고 우리 주변에는 행복한 일이 참 많다는 점을 아이들이 느낄 수 있도록 해주세요. 행복을 많이 느낄수록 평온한 마음을 유지할 수 있습니다.

위풍당당 장점 말하기

놀이의 목적

✔ 자신의 여러 가지 장점을 찾아보면서 자존감을 키워요

✔ 칭찬을 통해 즐거움을 느껴요

✔ 서로의 장점을 인정해주는 긍정적인 관계를 맺어요

준비

• 놀이판(41쪽의 그림을 참고하여 A4 용지에 1인당 10개씩 네모 칸을 그려주세요.)

• 바둑알

놀이 순서

❶ 3~4명 정도 모여 놀이판 주위에 둘러앉습니다.

❷ 놀이판에서 각자의 자리를 정하고 이름을 써넣습니다.

❸ 놀이판의 네모 칸마다 바둑알을 하나씩 올려놓아요. (인원수×10개)

④ 첫째 줄에 이름이 적힌 사람부터 자신의 장점이나 특기를 1가지 말해요.

⑤ 이야기가 끝나면 나머지 사람들은 "멋지다", "대단해"처럼 발표한 사람을 칭찬해요.

⑥ 칭찬받은 사람은 자기 줄에 놓인 바둑알을 하나 가져옵니다. 계속해서 다음 차례의 사람이 발표를 이어나가요. 놀이판에서 모두의 바둑알이 없어질 때까지 반복하세요.

Tip   **장점 찾기로 높아지는 자존감**

이 놀이는 3~4명 정도가 해야 적당해요. 인원이 너무 많으면 기다리는 시간이 길어져서 집중력이 떨어지고, 반대로 둘이서 하면 칭찬해주는 사람이 적어서 재미가 떨어지거든요.

주의해야 할 점은 '내가 좋아하는 것'이 아니라 '나의 장점이나 특기'를 말해야 한다는 것입니다. "나는 노래를 잘해", "음식을 골고루 먹어", "머릿결이 좋아"처럼 자신이 잘하는 것, 평소에 자랑스럽게 생각하는 행동이나 모습을 말해야 점수를 얻는다는 점을 가르쳐주세요. 자신의 장점을 말하고 다른 사람에게 인정받는 과정은 자존감을 높이는 데 큰 도움이 됩니다.

놀이판은 코팅해두면 여러 번 사용할 수 있어요. 바둑알 대신 동전이나 자석을 활용해도 좋고 직접 만들어도 됩니다. 주변에 있는 물건을 자유롭게 사용하세요.

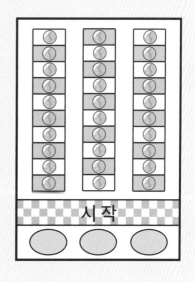

06

마음의 반대말 퀴즈

놀이의 목적

✔ 감정에는 긍정적 감정, 부정적인 감정이 있음을 배워요

✔ 감정 어휘에 대한 이해력을 높이고, 표현력을 키워요

준비

- 화이트보드
- 보드 마커

놀이 순서

1. 문제로 선택한 감정 어휘를 화이트보드에 적습니다.

   예 좋다, 무섭다, 걱정된다, 기쁘다 등

2. 엄마가 "반대말 퀴즈! '좋다'의 반대말은 뭘까요?" 하고 문제를 냅니다.

반대말 퀴즈! '좋다'의 반대말은 뭘까요?

③ 아이들의 대답을 모두 화이트보드에 적습니다. 정답은 미리 알려주지 마세요.

④ 화이트보드에 적힌 답을 하나하나 확인하면서 반대말에 해당하는지 이야기를 나눠보세요.

⑤ 반대말이 맞다고 판단되면 해당 단어에 동그라미 표시를 합니다.

> ### Tip 확실한 정답이 없는 반대말 놀이
>
> 여기서는 '높다-낮다, 크다-작다'와 같은 형용사나 '자다-일어나다, 이기다-지다'와 같은 동사가 아닌 감정 어휘를 가지고 반대말을 찾아봅니다.
>
> 처음에는 평소에 자주 사용하는 어휘로 퀴즈를 내야 아이들이 생각하기 쉽습니다. "반대말 퀴즈! '좋다'의 반대말은 뭘까요?" 하고 퀴즈를 낼 때는 분위기가 좋아지도록 힘 있게 외쳐주세요.
>
> 아이들이 대답한 단어는 모두 화이트보드에 적어주세요. 정답은 하나가 아니니까요. 엄마가 혼자 판단해서 정답과 오답을 가려내지 말고, 아이들과 함께 감정에 대해 생각해보면서 정답을 골라주세요. 왜 반대말이 될 수 있는지 혹은 없는지에 대해 의견을 내면서 이야기를 나누는 동안 감정 어휘에 대한 이해력이 높아져요. 다양한 시선으로 감정 어휘를 살펴보는 과정 속에서 아이의 표현력도 올라갑니다.

감정 이해 놀이

07

마음을 흉내 내는 말

놀이의 목적

✔ 감정을 나타내는 흉내 내는 말을 배워요

✔ 흉내 내는 말을 써서 즐겁게 감정을 표현해요

준비

• 화이트보드
• 보드 마커

놀이 순서

❶ 화이트보드에 감정을 흉내 내는 말을 여러 가지 적어주세요.

❷ 각각의 흉내 내는 말이 어떤 뜻일지 상상하며 서로의 생각을 말하고 이야기 나눠보세요.

❸ 엄마가 흉내 내는 말을 사용해서 자신의 경험담을 들려주세요.

④ 아이가 뜻을 어느 정도 이해했다면 아이도 흉내 내는 말을 이용해서 자신의 경험담을 말하도록 해보세요.

> **감정을 흉내 내는 말의 예**
>
> 두근두근, 울렁울렁, 싱숭생숭, 폴싹폴싹, 싱글벙글, 깜짝깜짝, 조마조마, 뜨끔뜨끔, 콩닥콩닥, 쭈뼛쭈뼛, 불끈불끈, 울컥울컥, 투덜투덜, 이글이글, 짜릿짜릿, 따끔따끔, 글썽글썽, 울먹울먹, 훌쩍훌쩍, 주르륵주르륵, 엉엉, 둥실둥실, 주절주절, 방긋방긋, 오싹오싹, 덜덜, 끙끙, 머뭇머뭇

Tip | 감정 표현이 다채로워지는 의성어와 의태어

흉내 내는 말은 일상생활에서 자주 쓰이죠. 흉내 내는 말에는 사람이나 사물의 소리를 본 따 만든 의성어와 동작이나 상태를 묘사한 의태어가 있습니다. 여기서는 감정을 나타내는 의성어와 의태어를 한데 모아 '마음을 흉내 내는 말'이라고 이름 붙여봤어요.

흉내 내는 말은 종류가 정말 다양합니다. 감정 어휘와 함께 감정을 나타내는 의성어, 의태어까지 능숙하게 사용한다면 훨씬 다양한 방법으로 자신의 기분을 표현할 수 있습니다.

각각의 흉내 내는 말에 대해 모든 아이가 비슷한 이미지를 떠올릴 필요는 없어요. 아이마다 단어를 받아들이는 방식이 다를 수 있기 때문에 흉내 내는 말을 사용해서 자신의 마음을 직접 표현해보는 과정이 더 중요하답니다.

위의 예시 외에도 다양한 '마음을 흉내 내는 말'이 있어요(부록 168쪽 참고). 아이와 함께 '마음을 흉내 내는 말'을 가지고 새로운 단어장을 만들어봐도 재미있을 것 같지 않나요? 언어 놀이를 통해 아이의 상상력을 자극해주세요.

행복의 공 돌리기

준비

• 가벼운 공

• 모두가 둥글게 모여 설 수 있는 공간

놀이 순서

① 모두가 둥글게 모여 서요.

② 첫 번째 사람이 옆 사람에게 공을 전달하면서 긍정적인 감정 어휘를 하나 말해요.

즐겁다

③ 공을 전달받은 사람 외에 나머지 사람들은 공이 넘겨진 순간부터 손뼉을 치며 1부터 6까지 셉니다.

④ 공을 전달받은 사람은 다른 사람들이 6까지 세기를 기다린 후 새로운 감정 어휘를 말해요.

⑤ 말이 끝나면 다음 사람에게 공을 넘겨요.

⑥ 다시 6까지 세면서 공을 받은 사람이 말하기를 기다려요.

Tip **긍정적인 감정 어휘의 힘**

긍정적인 기분으로 공을 넘기는 놀이입니다. 원래 긍정적인 감정 어휘를 말해야 하지만 아이의 수준을 고려해서 감정 어휘를 말하기만 한다면 어떤 단어든 통과시켜도 돼요. 다만, 놀이를 시작하기에 앞서 들었을 때 기분이 나빠지거나 속상해지는 말은 쓰지 않도록 일러주세요.

공을 넘기는 시간인 6까지 셀 때는 가능한 천천히 세주세요. 아이가 놀이에 익숙해지기 전까지는 느린 박자로 놀이를 진행해도 괜찮아요. 아무리 머리를 짜내도 감정 어휘가 떠오르지 않을 때는 앞에서 나온 말을 다시 말해도 된다고 알려주세요. 다만, 바로 전 사람이 말한 것은 안 된다는 규칙은 지켜주세요.

리듬감 있게 공을 돌리기 때문에 과연 언제까지 공이 멈추지 않고 이어질지 흥미진진한 마음으로 즐길 수 있어요. 모두가 함께 둥글게 서서 공을 돌리는 과정 속에서 아이는 가슴 설레면서도 조마조마한 기분을 느끼게 될 거예요.

단, 이 놀이를 진행하려면 감정 어휘를 많이 알고 있어야 해요. 아이 마음속에 감정 어휘가 어느 정도 쌓여야 재미있게 할 수 있습니다. 책에 나온 놀이를 몇 가지 해본 뒤에 잊지 말고 꼭 한번 해보세요.

바둑알을 튕겨라

놀이의 목적

✔ 감정 어휘를 이해하고 자신의 경험과 그때의 기분을 말할 수 있어요

✔ 자신의 경험과 기분을 상대방에게 전달할 수 있어요

준비

• A3 용지(49쪽의 그림을 참고하여 커다란 원을 6~8개로 나누고 아래에 시작 지점을 그려주세요.)

• 바둑알

놀이 순서

❶ 2~4명 정도 동그랗게 모여 앉습니다.

❷ 서로 상의하여 놀이에 쓸 감정 어휘를
종이의 빈칸에 채워 넣어요.

③ 순서를 정하고 놀이를 시작합니다.

④ 첫 번째 사람이 바둑알을 시작 지점에 두고 감정 어휘가 쓰인 원을 향해 손가락으로 튕깁니다.

⑤ 바둑알이 멈춘 곳에 감정 어휘가 있으면 이와 관련된 자신의 경험담을 말해요.
(선을 넘어가면 다음 사람 차례가 됩니다.)

⑥ 경험담을 말한 사람은 바둑알을 하나 얻어요.

⑦ 4~6회의 턴을 돌았다면 놀이를 끝내요. 바둑알을 가장 많이 얻은 사람이 승리자입니다.

Tip   **감정과 경험 연관 짓기**

A3 용지는 큼지막해서 아이가 바둑알을 튕기기에 적당해요. 종이를 세로로 두고 맨 앞부분에 바둑알을 올려두는 시작 지점을 그립니다. 동그라미 표시로 시작점을 분명하게 구분해두어야 모두 같은 거리에서 바둑알을 튕길 수 있습니다.

시작 지점의 반대편에는 감정 어휘를 적어 넣는 원을 그립니다. 아이가 바둑알을 튕기는 데 익숙해지기 전까지는 가능한 원을 크게 그려주세요. 그리고 원 안을 6~8개 정도로 나눕니다. 빈칸을 감정 어휘로 채우는 작업은 아이가 직접 해야 어떤 경험에 대해 이야기할지 미리 떠올려볼 수 있고, 목표를 정해두고 바둑알을 튕길 수 있습니다. 시작하기 전에 1인당 몇 번 할지 정해두면 받을 수 있는 바둑알의 수가 한정되어서 아이가 더 집중해서 놀이에 참여합니다.

감정 어휘에 대한 이해력이 깊어진 아이에게는 특정 어휘를 지정해줘도 좋습니다. 평소에 별로 사용하지 않는 어휘를 제시해주면 감정을 이해하는 폭이 커집니다. 예를 들면 '상쾌하다, 가련하다, 불안하다, 망설이다, 가슴을 울리다, 누그러지다, 애타다'와 같은 어휘를 사용해보세요. 인터넷에 검색해보면 감정에 대해 소개하는 내용도 많습니다. 이를 참고해서 엄마의 감정 어휘 폭도 넓혀보세요.

감정 이해 놀이

10

작가처럼 이야기 만들기

놀이의 목적

✔ 조리 있게 이야기하는 법을 배워요

준비

• 화이트보드
• 보드 마커
• 키워드

놀이 순서

1 화이트보드에 이야기의 기본이
되는 정해진 문구를 씁니다.

> • **누가:** _____ 가
> • **언제:** _____ 에
> • **어디서:** _____ 에서
> • **행동:** _____ 을 했어요.
> • **기분:** _____ 기분이었어요.
> • **이유:** 그건 _____ 때문이었어요.

2 각 항목에 해당하는 키워드를 5개 정도 적어둡니다.

> (예)
> - **누가:** 아빠, 남자아이, 지수, 사자, 개구리
> - **언제:** 낮, 한밤중, 봄, 옛날옛날, 밤 12시
> - **어디서:** 식당, 구름 위, 정글, 놀이공원, 부엌
> - **행동:** 놀았다, 먹었다, 떨어졌다, 요리했다, 진다
> - **기분:** 배가 고팠다, 두근두근했다, 지쳤다, 놀랐다, 좋아했다
> - **이유:** (각자 생각해보기)

3 키워드를 골라서 이야기를 만들어봅니다. 엄마가 먼저 시범을 보여서 아이가 따라 할 수 있도록 해주세요.

Tip ❯ **육하원칙에 따라 기분 표현하기**

정해진 문구와 키워드만 있으면 간단한 이야기를 만들 수 있어요. 키워드를 쓸 때는 아이가 재미있어할 만한 것으로 골라주세요. 키워드를 이용해 문장을 만들 때는 그 앞뒤로 얼마든지 자유롭게 말을 더해도 좋아요. 아이가 이야기를 잘 만들기 시작하면 직접 키워드를 생각하도록 해보세요. 놀이가 더욱 재미있어집니다.

　혼자서 처음부터 끝까지 이야기를 만드는 방법도 있지만, 이어달리기처럼 각 항목을 돌아가며 대답하며 이야기를 만들어도 좋습니다. 같은 키워드라도 다음에 어떤 단어와 만나느냐에 따라 내용이 달라지기 때문에 아이들의 재미난 발상에 놀라게 될 거예요.

　이 놀이를 반복하다 보면 다른 사람과 이야기할 때 누가, 언제, 어디서, 무엇을, 어떻게, 왜 했는지 육하원칙에 맞게 정리해서 말할 수 있게 됩니다.

수다쟁이 빙고 게임

놀이의 목적

✔ 자신이 자주 느끼는 감정을 깊이 이해하고, 감정의 폭을 넓혀요
✔ 상대방에게 자신의 감정을 전달해요

준비

- 9개의 칸이 그려진 빙고 카드(53쪽의 그림을 참고하여 글씨를 써넣을 수 있도록 크게 그리되, 한가운데 는 비워두세요.)
- 연필, 지우개

놀이 순서

① 빙고 카드를 1인당 1장씩 나눠 갖고 가운데를 제외한 모든 칸에 자신이 자주 느끼는 감 정을 적습니다(총 8칸!).

② 순서를 정한 뒤 놀이를 시작합니다.

③ 첫 번째 사람이 자신의 빙고 카드에 적은 감정 중 하나를 말하고, 그 감정을 느꼈던 경험을 이야기합니다.

④ 다른 사람들은 자신의 빙고 카드에 같은 감정이 적혀 있으면 동그라미 표시를 합니다.

⑤ 같은 방식으로 놀이를 진행하다가 가로나 세로에 동그라미가 3개 모이면 빙고를 외칩니다. 먼저 외친 사람이 승리해요.

기쁘다 ★	놀라다	무섭다 ★
좋다	🐱	재미있다
아프다	민망하다	부끄럽다

Tip **자신의 감정을 이해하고 표현하기**

빙고 게임을 숫자가 아닌 감정을 표현하는 단어로 바꿔서 하는 놀이입니다. 아이가 칸을 다 채우기 힘들어하면 감정을 표현하는 단어 10~12개를 알려줘서 고를 수 있게 해주세요. 놀이 방법을 설명할 때는 화이트보드 등에 엄마의 빙고 카드를 그려놓고 보여주면서 대결해보면 아이들이 룰을 이해하기 쉬울 거예요.

감정과 관련된 경험을 이야기하는 것은 자신의 감정을 이해하고 표현할 수 있는 기반을 만들어줍니다. 빙고를 외쳐서 놀이에서 이기는 것보다 자신의 감정과 경험을 언어로 표현하는 과정을 더 중요시해주세요. 아이가 자신의 감정과 경험을 말하는 데 익숙해지면 이번에는 엄마가 단어를 지정해서 놀이해도 좋습니다. 아이가 평소에 잘 쓰지 않는 단어를 제시해주면 아이의 감정 이해력이 더욱 좋아져요. 엄마가 구체적인 경험담을 들려주면 아이가 좀 더 복잡한 감정을 이해하고 표현할 수 있게 됩니다.

엄마표 감정 카드 만들기

놀이의 목적

✔ 기분을 표현하는 감정 어휘를 배워요

✔ 표정으로 기분을 표현할 수 있다는 사실을 깨달아요

✔ 행동과 사건에 따라 감정이 생긴다는 점을 이해해요

준비

- A4 용지(여러 장)
- 보드 마커, 색연필 등
- 코팅지
- 화이트보드

놀이 순서

1 아이와 힘을 합쳐 가능한 많은 감정 어휘를 모으세요(부록 167~168쪽 참고).

2 모은 어휘를 화이트보드에 쓰고 인원수에 따라 적정량으로 나눠줍니다.

3 감정 카드 만드는 법을 알려줍니다.

① A4 용지를 1/4로 자른 다음, 맨 밑에 자신이 맡은 감정 어휘를 적어요.

② 적힌 단어와 같은 기분이 되었을 때 어떤 표정이 될지 상상하며 그림을 그려요.

A4 용지를 1/4로 자른 다음 엄마, 아빠, 선생님, 친구들에게 어떤 기분인지 물어보고 싶은 상황을 적어요.

⑩ 친구들과 싸웠을 때, 피망을 먹었을 때, 엄마가 안아주었을 때

④ 엄마는 '만능 감정 카드'를 별도로 만듭니다.

⑤ 각 카드를 복사하고 코팅해서 튼튼하게 마무리해주세요.

Tip **직접 만들면 더 와닿는 감정 표현들**

일반적인 카드보다는 좀 큰 편이지만 아이가 그리고 쓰기 쉽도록 A4 용지의 1/4 크기를 사용해요. 감정 어휘를 이해하지 못하면 표정을 그릴 수 없기 때문에 먼저 감정 어휘에 대해 알아보는 활동을 해두면 좋습니다.

아이가 '질문 감정 카드'를 만들기 어려워하면 엄마가 함께 문장을 생각해주고 작성해주세요. 엄마가 만들어야 할 '만능 감정 카드'는 3장 정도면 됩니다.

나중에 다른 친구들과 함께 놀이할 때를 대비해서 카드는 미리 복사해두세요. 그림 감정 카드와 질문 감정 카드가 1세트로, 4세트 정도 있으면 충분해요. 세트마다 다른 색깔의 색도화지를 덧대서 코팅해 두면 아이와 놀이를 할 때도, 놀이가 끝난 뒤 정리할 때도 편리해요.

감정 이해 놀이

13

감정 카드 질문 놀이

놀이의 목적

✔ 사람마다 같은 상황에서 다른 감정을 느낄 수 있음을 배워요

✔ 자신의 기분을 정리해서 전달할 수 있어요

준비

• 감정 카드(여러 세트)

놀이 순서

① 놀이에 앞서 그림 감정 카드와 질문 감정 카드를 보여주세요.

② 2~4명 정도씩 동그랗게 모여 앉습니다.

어떤 기분일까요?

③ 질문 감정 카드는 겹쳐서 뒤집은 채로 한가운데에 놓습니다. 질문 감정 카드 주위에는 그림 감정 카드를 넓게 펼쳐놓아 주세요.

④ 질문 감정 카드를 뽑는 순서를 정하고 규칙을 알려준 뒤 놀이를 시작합니다. (질문 감정 카드는 1인당 1회씩 읽어요.)

감정 카드 질문 놀이 규칙

① 첫 번째 사람이 맨 위에 있는 질문 감정 카드를 1장 뽑아서 읽어요.

⑩ 친구와 싸웠을 때는 어떤 기분인가요?

② 읽은 사람을 포함해 참가자 모두 자신의 기분이라고 생각되는 그림 감정 카드를 고르게 해주세요. 해당하는 카드가 없다면 '만능 감정 카드'를 고르면 됩니다.

③ 질문 카드를 읽은 사람부터 시계 방향 순서로 고른 카드를 보여주고 그 이유를 말해요.

⑩ 나는 '울고 싶다' 카드를 골랐어. 친구랑 싸우면 속상해서 울고 싶거든.

④ 모든 사람의 발표가 끝나면 다음 사람이 질문 감정 카드를 뽑아 읽습니다.

Tip **모든 감정에는 이유가 있다**

'감정 카드 만들기'와 이어지는 놀이입니다. 놀이를 시작하기 전에 아이와 함께 그림 감정 카드와 질문 감정 카드를 살펴보면서, 감정 어휘를 잘 모르는 아이도 기분 좋게 놀이에 참여할 수 있도록 도와주세요. 또 질문 감정 카드를 읽는 방법과 자신이 뽑은 카드에 대해 설명하는 방법도 여러 번 연습해 둡니다.

질문 감정 카드를 읽는 사람은 반드시 "~할 때는 어떤 기분인가요?"라고 물어야 해요. 대답할 때는 감정과 이유를 말로 표현하는 것이 중요합니다. 익숙해지기 전까지는 이유를 설명하기 어려워하는 아이가 많을 거예요. "나는 '슬프다' 카드를 골랐어. 왜냐하면 싸우면 슬프니까" 이런 식으로 대답해도 정답으로 인정해주세요. 계속 놀이를 하다 보면 주변 사람들의 말을 듣고 자신의 생각을 정리해서 밀힐 수 있게 되니까 조급해하지 않아도 됩니다. 천천히 놀이하는 과정 자체가 감정 이해력을 높이는 훈련이에요. 아이가 어떤 기분을 느끼든 또 이유가 무엇이든 '그건 그 사람 나름의 생각'이라는 점도 꼭 알려주세요.

감정+이유를 말로 표현하기

내가 고른 감정 카드는

놀이의 목적

✔ 사람마다 같은 상황에서 다른 감정을 느낄 수 있음을 배워요

✔ 자신의 기분을 정리해서 전달할 수 있어요

준비

• 감정 카드

놀이 순서

1 3~4명 정도씩 동그랗게 모여 앉습니다.

2 질문 감정 카드는 겹쳐서 뒤집은 채로 한가운데에 놓아요. 질문 감정 카드 주위에는 그림 감정 카드를 넓게 펼쳐 놓습니다.

3 질문 감정 카드를 읽는 순서를 정하고 놀이를 시작해요.

내가 고른 감정 카드는 놀이 규칙

① 맨 처음 사람이 맨 위에 있는 질문 감정 카드를 1장 뽑아서 읽어요.

　　예 줄넘기를 성공했을 때는 어떤 기분인가요?

② 질문 감정 카드를 읽은 사람을 포함해서 모두가 자신의 기분이라고 생각되는 그림 카드를 1장 고른 다음 보이지 않게 가지고 있어요. (해당하는 카드가 없다면 '만능 감정 카드'를 고르면 됩니다.) 모두 골랐으면 나 같이 "하나, 둘, 셋!"을 세고 카드를 보여줘요.

③ 질문 감정 카드를 읽은 사람은 다른 사람들이 내민 카드 중에 무엇이 같고, 다른지 확인해요.

　　예 나랑 진우는 똑같이 '기쁘다'라는 카드를 골랐네. 엄마가 고른 '즐겁다'라는 카드는 우리랑 조금 다르다. 모두 다 소중한 우리의 감정이야.

④ 이어서 다음 사람이 다시 새로운 질문 감정 카드를 뽑아 읽고, 같은 방법으로 진행합니다.

Tip 차이를 차별하지 않기

'감정 카드 질문 놀이'를 조금 바꿔서 새롭게 만들어보았어요. '감정 카드 질문 놀이'를 통해 아이가 질문 감정 카드를 읽는 방법과 자신의 감정을 전달하는 데에 익숙해지면 도전해보세요. 이 놀이에서는 "하나, 둘, 셋"을 센 다음에 가지고 있는 카드를 짠하고 서로 보여줍니다. 모두 다 똑같은 카드를 고를 때도 있고, 모두가 다 다른 카드를 고를 때도 있을 거예요.

카드를 확인한 다음에는 반드시 "모두 다 소중한 우리의 감정이야"라는 말을 덧붙여주세요. 카드를 확인할 때마다 놀이를 마무리하는 후렴구처럼 반복해주세요. 또 아이에게 사람마다 생각하고 느끼는 방식이 다를 수 있다는 점을 알려주세요. 여러 번 놀이해보았다면 이번에는 자신이 왜 그 카드를 골랐는지 이유까지 말하도록 해보세요. 같은 감정을 골랐더라도 사람마다 이유는 다를 수 있으니까요. 놀이를 통해 서로의 차이를 받아들이면 내가 다른 사람과 다르다는 사실에 불안해하지 않고, 나와 생각이 다른 사람을 배제하지 않는 건강한 인간관계를 만들 수 있답니다.

모두 다 소중한 우리의 감정이야

기쁘다 　 즐겁다

감정 이해 놀이

15

감정 카드 추리 게임

놀이의 목적

✔ 주변 사람들의 경험담을 듣고 기분과 감정을 이해해요

✔ 상대방에게 자신의 마음이 전달되도록 말할 수 있어요

준비 --

• 감정 카드 1세트

놀이 순서 --

1 4~5명 정도씩 동그랗게 모여 앉습니다.

2 감정 카드 중 그림 감정 카드만 겹쳐서 뒤집은 채로 한가운데에 놓아주세요.

3 순서를 정하고 첫 번째 사람이 맨 위의 카드를 1장 뽑아요.

4 뽑은 카드는 친구들에게만 보여주고 카드를 뽑은 사람은 보지 않습니다.

⑤ 카드를 뽑은 사람의 왼쪽에 앉은 사람이 방금 본 카드에 적힌 감정에 관한 힌트나 경험담을 말해줘요.

나는 엄마가 안아주었을 때 이런 기분이야

㉠ 나는 엄마가 안아주었을 때 이런 기분이 들어.

⑥ 카드를 뽑은 친구가 정답을 못 맞히면 그다음 왼쪽에 앉은 사람이 또 다른 힌트나 경험담을 말해줍니다.

⑦ 첫 번째 사람이 정답을 맞히면 다음 사람이 그림 감정 카드를 뽑아서 놀이를 이어가면 됩니다.

Tip **타인의 감정을 이해하는 연습**

'감정 카드'를 활용해서 만든 추리 게임입니다. 여기서는 그림 감정 카드만 사용해요. 인원이 많으면 순서가 금방 오지 않아서 지루할 수 있기 때문에 4~5명 정도가 딱 좋은 것 같아요. 정답을 맞히는 사람은 사람들의 힌트나 경험담을 듣고 어떤 카드인지 추리하는 동안, 상대방의 기분을 파악하는 감각이 자랍니다. 힌트를 주는 사람은 상대방에게 자신의 감정을 이해시키기 위해 적절한 말을 선택하고 전달하는 연습을 할 수 있습니다.

놀이를 시작하기 전에 '상대방의 기분을 이해하려고 노력하는 것'과 '상대방에게 전달할 말을 잘 선택하는 것'이 중요하다고 알려주세요. 이 놀이는 커뮤니케이션 능력이 필요해서 아이에게는 조금 어려울 수 있으니 여러 번 연습한 다음에 실전에 들어가세요. 다른 사람의 감정을 어느 정도 이해할 수 있는 만 6세 이상의 아이들에게 가장 적합합니다. 이 놀이를 통해 감정 소통 능력이 좋아지면 초등학교 입학 후 새로운 환경에 적응해야 할 때도 상대방의 기분을 파악해가며 자신의 감정을 언어로 표현할 수 있습니다.

'상대방의 기분을 이해하려고 노력하기'
'상대방에게 전달할 말을 잘 선택하기'

속닥속닥 비밀 전달 게임

놀이의 목적

✔ 부끄러운 감정을 이해해요

✔ 부끄러웠던 일에 대해 말하면서 '부끄러움'도 자연스러운 감정임을 깨달아요

준비

• 없음

놀이 순서

❶ 놀이를 시작하기 전에 부끄러운 감정에 대해 이야기 나눠봐요.

* 먼저 엄마의 경험담을 들려주세요.

* 부끄러운 일에 대해 이야기했을 때 서로 놀리거나 흉보지 않기로 약속합니다.

❷ 5~8명씩 일렬로 서게 합니다.

부끄러운 감정도 소중한 감정이에요

부끄러운 일을 말할 때 놀리거나 흉보지 않아요

③ 첫 번째 아이가 자신이 겪었던 부끄러운 일을 뒤에 있는 친구에게 말해요.

　　⑩ 줄넘기를 하지 못해서 부끄럽다, 얼마 전에 모자를 잃어버려서 부끄러웠다 등

④ 마찬가지로 두 번째 아이는 세 번째 아이에게 같은 이야기를 전달합니다. 끝까지 이야기가 전달되면 맨 뒤에 있는 아이는 첫 번째 아이에게 자신이 전달받은 이야기를 들려줘요.

⑤ 첫 번째 아이는 자신이 처음 전한 이야기가 맞는지 확인해요.

⑥ 마지막으로 엄마가 첫 번째 아이에게 지금의 기분을 물어봐주세요.

Tip ## 부끄러운 감정 대면하기

만 4세 쯤이 되면 아이들은 부끄러운 감정에 민감하게 반응하기 시작해요. 예민한 아이는 실패를 두려워하거나 주목받기를 꺼리고, 또 어떤 아이는 부끄러워서 모르는 것을 아는 척하기도 합니다.

부끄러운 감정에 지나치게 예민해지면 쉽게 상처받고 주눅 들게 돼요. 이 놀이를 통해 숨기고 싶었던 부끄러웠던 일을 친구들에게 털어놓으면 부끄러운 감정을 자연스럽게 받아들일 수 있습니다.

놀이를 시작하기 전에 친구가 부끄러웠던 일에 대해 이야기했을 때 절대 놀리거나 흉보지 않기로 아이들과 약속해주세요. 서로 괜찮다며 위로해줄 수 있는 관계를 만드는 것이 무엇보다 중요해요. 자신의 약점과 수치심을 이해해주는 친구가 곁에 있으면 아이는 안심할 수 있고, 좌절을 극복할 수 있는 용기를 얻습니다. 마지막에는 첫 번째 아이에게 지금의 기분을 꼭 물어봐주세요. 마음이 조금은 편해졌다는 대답을 듣는다면 대성공입니다.

내 마음을 맞혀봐

놀이의 목적

✔ 상황에 맞는 감정을 배워요

✔ 어떤 감정이 드는 상황에 대해 이해하기 쉽게 전달할 수 있어요

준비

• 정답을 적은 메모지

놀이 순서

① 4~5명 정도씩 팀을 만들어서 동그랗게 모여 앉습니다.

② 각 팀에서 1명씩 문제 낼 사람을 정하고, 엄마에게 답이 적힌 종이를 받아요. (문제를 내는 사람에게 다른 사람들이 정답을 보지 못하도록 조심해달라고 말해주세요.)

③ 각 팀마다 돌아가며 문제지에 어떤 감정이 적혀 있는지 맞힙니다. 출제자는 총 3개의 힌트를 줄 수 있어요.

⑩ 힌트 1: 발표회 때 무대에 서면 이런 기분이 들어.

힌트 2: 모르는 사람이 많을 때도 이런 기분이야.

힌트 3: 문제를 틀렸을 때 드는 기분이야.

정답은 무엇일까요?

부끄럽다

④ 힌트를 들은 팀원들은 상의해서 답을 하나로 정해요.

⑤ 엄마가 "정답은 무엇일까요?"라고 물으면 다 같이 답을 외칩니다.

⑥ 정답을 맞혔다면 1점을, 틀렸다면 0점을 받아요.

⑦ 같은 방식으로 팀별로 퀴즈를 풀어요.

Tip 다양한 상황 떠올려보기

점수를 받기 위해서는 문제를 내는 사람이 문제에 알맞은 상황을 떠올리고 이를 팀원들이 이해하기 쉽게 전달해줘야 해요. 아이들에게는 꽤 어려운 놀이이기 때문에 감정에 대해 충분히 배우고 이해한 다음에 시도해주세요.

힌트를 말할 때는 문제지에 들어 있는 단어는 쓰지 말아야 한다는 점을 반드시 알려주세요. 우선은 엄마가 놀이 순서 ③번에서 나온 힌트를 활용해서 문제를 내고 답을 맞히는 연습을 아이들과 여러 번 해주세요. 참고로 ③번 힌트의 정답은 '부끄럽다'입니다.

문제를 만들 때는 되도록 아이들이 떠올리기 쉬운 감정 어휘를 써주세요. 놀이에 익숙해지면 조금씩 어려운 문제를 내면 됩니다.

3개의 힌트를 다 들었다면 팀원들끼리 모여서 생각하는 시간을 주세요. 정답을 하나로 모으기 위해서는 서로 의견을 내고 생각을 정리하는 시간이 필요합니다. 또 3개의 힌트를 전부 듣기 전까지는 정답을 발하지 않도록 가르쳐주세요. 이 놀이는 하고 싶은 말이 있더라도 끝까지 참으면서 다른 사람의 의견을 집중해서 듣는 훈련이기도 하거든요.

자, 지금부터 생각하는 시간!

꽃이 된 걱정 씨앗

놀이의 목적

✔ 고통, 외로움, 슬픔, 걱정 등 부정적인 감정을 글로 써서 속마음을 밖으로 드러내요
✔ 부정적인 감정을 극복하는 객관적인 해결책을 찾아요

준비

- 꽃이 된 걱정 씨앗 활동지(부록 159쪽 참고)
- 색연필

놀이 순서

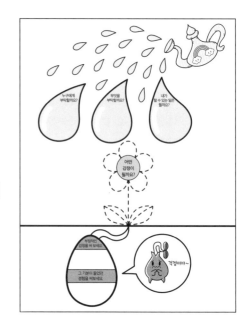

❶ 활동지를 1장씩 나눠 갖습니다.

❷ 고통, 슬픔, 외로움, 걱정 등 부정적인 감정과 경험을 걱정 씨앗 안에 적어보아요.

❸ 다른 사람에게 부탁하고 싶은 일과 자신이 할 수 있는 일을 무지개 물방울 안에 적어봅니다.

❹ 점선을 이어 꽃을 완성해요.

❺ 자신의 바람이 이루어진 장면을 상상하면서 그때 느낄 수 있는 긍정적인 감정을 꽃잎에 적어요.

❻ 무지개 물방울과 꽃잎을 예쁘게 색칠합니다.

줄넘기를   성공했어!

부정적인 감정과 경험, 자신의 바람과 행동, 문제가 해결됐을 때 느낄 수 있는 긍정적인 감정을 적어보면서 자신의 감정을 정리하는 동시에 표현해보는 활동입니다. 이 놀이를 통해 아이는 고통, 슬픔, 외로움, 걱정 등의 감정을 마주하고, 이러한 감정을 느끼는 자신을 받아들이게 되고, 부정적인 상황을 극복해나가는 과정을 간접적으로 체험해볼 수 있어요.

아이가 활동지를 다 작성하면 이에 대해 이야기를 나눠보세요. 적은 내용을 발표하면 자신의 감정과 욕구를 더 명확하게 이해할 수 있어요. 마지막에는 부정적인 상황을 극복하기 위해서 할 수 있는 일은 뭐가 있는지 함께 머리를 맞대어 아이디어를 내보는 시간도 가져보세요. 혼자서는 생각지도 못했던 기발한 방법이 쏟아집니다.

활동지에 적은 내용을 주변 친구들과 공유하면 친구의 고통과 슬픔, 외로움, 걱정 등을 알게 되면서 다른 사람의 아픔을 이해하는 마음이 자라납니다.

19

나는 나는 좋아 좋아

놀이의 목적

✔ 즐거움, 기쁨, 유쾌함 등의 긍정적인 감정을 노래로 표현해요

준비

• 노래와 율동을 미리 연습해보세요.

놀이 순서

1 2명씩 짝 지어요.

2 노래 가사에 맞춰서 서로의 볼과 이마, 엉덩이를 맞댑니다. 마지막에는 서로 꼭 안아주세요.

좋 아 좋 아 양 — 볼 을 맞 대 자   좋 아 좋 아 이 — 마 를

맞 대 자   좋 아 좋 아 엉 덩 이 를 맞 대 자   나 는 나 는 좋 이 좋 아

○ ○ 가

③ '좋아 좋아' 부분에서는 양손을 잡고 옆으로 흔들면서 리듬을 탑니다. '맞대자' 부분에서
는 가사의 부위를 서로 맞대요. '나는 나는 좋아 좋아 ○○가'에서는 서로의 이름을 넣어
서 부르도록 해요. 노래가 끝나면 서로 꼭 안아주세요.

Tip   정서 안정에 도움되는 기분 좋은 스킨십

아이들이 좋아하는 노래와 율동으로 긍정적인 감정을 표현해보는 놀이입니다. 서로의 살갗을 맞대는 행동은 정서를
안정시키고 서로에 대한 믿음을 높여줍니다. 박자에 따라 기분 좋게 율동하면 커뮤니케이션 능력도 쑥쑥 올라가요.
반복을 좋아하는 아이들은 같은 가사와 리듬으로 노래를 부르며 율동하기를 매우 좋아한답니다.

　아이가 아직 어려서 가사 그대로 율동을 따라 하기 어렵다면 부위
를 자유롭게 바꿔도 됩니다. 만 3세 이상의 아이라면 조금 어려
운 부위로 지정해주면 더욱 재미있게 율동을 즐길 수 있어요.
만 4~5세 아이라면 마지막에 안아주는 동작을 조금 부끄러워
할 수도 있습니다. 이럴 때는 안아주기 대신에 '하이파이브'를
해보세요.

　감기에 걸리기 쉬운 계절에는 아이의 몸 상태를 잘 살피는
걸 잊지 마세요. 스킨십이 많은 율동이므로 서로 감기를 옮길
수 있으니까요.

표정으로 말해요

놀이의 목적

✔ 희로애락의 감정을 표정으로 표현해요

✔ 노래와 율동으로 감정을 솔직하게 표현하면서 즐거움을 느껴요

준비

• 노래와 율동을 미리 연습해보세요.

놀이 순서

① 노래를 부르면서 엄마를 따라 해요.

② 희로애락의 감정을 표정과 목소리 톤, 몸짓으로 표현해요.

③ 추임새로 들어간 '예!, 랄라!, 으~, 힝~'은 각각의 감정을 담아 표현해보세요.

④ 마지막에는 힘차게 손을 올리면서 "와우!" 하고 끝냅니다.

아 로 말할 때는 아 하 하 (예!) 에 로 말할 때는 에 에 에 (힝~)

이 로 말할 때는 이 이 이 (으~) 오 로 말할 때는 오 호 호 (랄라!)

표 정 으 로 말해요 아 에 이 오 우   (와우!)

> **Tip** 생생하게 감정을 표현하기

만 2~3세의 어린아이들도 즐길 수 있는 노래와 율동이에요. 과장된 표정과 몸짓으로 재미있는 분위기를 만들어주세요. 모음 '아에이오우'로 이어지는 가사 앞부분은 입을 크게 벌리고 천천히 부르면 아이들도 금방 따라 할 수 있어요. 표정뿐 아니라 목소리 톤도 감정에 따라 바꿔주고 여기에 몸짓까지 더해주면 더욱 재미있게 즐길 수 있을 거예요. '아'에서는 기쁨, '에'에서는 슬픔, '이'에서는 분노, '오'에서 즐거움의 감정을 표현합니다.

2마디가 끝날 때마다 나오는 추임새 '예!, 힝~, 으~, 랄라'는 각각의 감정을 담아 재미있게 표현해보세요. 예를 들면 '예!'에서는 손가락으로 브이 자를 만들며 윙크를 해본다거나, '힝~'에서는 콧물을 닦듯이 손으로 코 밑을 문질러 슬픈 감정을 표현해줍니다. '으~'에서는 양쪽 검지로 입을 벌리면서 화난 표정을 연출해보세요. '랄라!'에서는 씩시 낀 눈을 가슴 앞에 모은 디음 어깨와 팔꿈치를 들어보세요. 즐거운 감정이 더 생생하게 전달됩니다.

아이들이 더 재미있게 율동할 수 있도록 자유롭게 동작을 추가해보세요.

모두 함께 즐겨주세요

놀이의 목적

✔ 희로애락의 감정을 표정으로 표현하면서 즐거움을 느껴요

준비 --

• 노래와 율동을 미리 연습해보세요.

놀이 순서 --

1 희로애락의 감정을 각각 어떤 표정으로 표현할지 이야기 나눠요.

2 표정이 정해지면 2명씩 짝을 지어요.

3

④ 가사 '사이좋게'에서는 마주 보고 노래하며 고개를 끄덕여요. '통통통'에서는 둘이서 양
손을 3번 부딪혀요. 첫 번째 '아푸푸'에서는 양손으로 자신의 얼굴을 가립니다. 마지막
'아푸푸'에서는 희로애락의 감정 중 하나를 선택해서 표정을 지어요. 둘이서 같은 표정
을 지으면 성공!

Tip   **얼굴에 드러나는 감정 읽기**

감정은 얼굴에 드러날 때가 많습니다. 그래서 상대의 표정을 보고 그 사람의 기분을 알 수 있게 되면 커뮤니케이션 능
력이 크게 향상되죠. 이 놀이는 표정을 주로 사용하므로 비언어적 커뮤니케이션을 배우는 데도 도움이 됩니다.

놀이를 시작하기 전에 희로애락에 해당하는 표정을 떠올리는 과정이 정말 중요해요. "기쁠 때는 어떤 표정을 지을
까? 화가 났을 때는?"처럼 각각의 감정을 떠올리면서 표정
에 대해 공부하는 시간을 가져주세요.

노래가 시작되면 마주 서서 짝꿍이 어떤 표정을 지을지
추측하면서 율동을 합니다. 마지막에 양손을 펼치면서 상
대방의 표정을 확인하는 순간에는 마음이 조마조마하면
서 짜릿한 기분을 느낄 거예요. 서로 같은 표정을 지었을
때는 기분 좋은 성취감도 맛볼 수 있어요.

위 놀이를 응용해서 표정에 관한 퀴즈를 내봐도 좋아요.
"커다란 박에서 금은보화가 나왔을 때 흥부는 어떤 표정을
지었을까?", "도깨비에게 크게 혼난 놀부는 어떤 표정을
지었을까?"처럼 마지막에 선택한 표정에 내해서 어떤 기
분의 표정인지 이야기하다 보면 감정의 차이점도 이해할
수 있습니다. 자유롭게 퀴즈를 내면서 아이와 이야기를 나
눠보세요.

희로애락 눈싸움

놀이의 목적

✔ 희로애락의 감정을 표정으로 표현하면서 즐거움을 느껴요

✔ 웃는 표정을 많이 지어서 얼굴 표정 근육을 단련시켜 감정 조절이 쉬워져요

준비

- 손거울
- 노래와 율동을 미리 연습해보세요.

놀이 순서

1 희로애락의 감정을 각각 어떤 표정으로 표현할지 이야기 나눠요.

2 표정을 정했으면 2명씩 짝을 지어요.

3

둘 이 함께 눈 싸 움 즐 거 운 표 정 으 로 눈 싸 움

❹ 가사 '둘이 함께 눈싸움'에서는 마주
서서 노래를 부르며 고개를 끄덕입니
다. '즐거운 표정으로'는 '기쁜 표정으
로', '화가 난 표정으로', '슬픈 표정으
로'와 같이 가사를 바꿔가며 부르세
요. 마지막 '눈싸움' 부분에서는 가사
에 나온 표정을 지은 상태로 눈싸움을
합니다.

즐거운 표정으로
눈싸움

예!!

Tip 풍부한 표정 연습

아이들이 좋아하는 눈싸움 놀이에 희로애락의 감정을 더해서 여러 가지 표정을 지어보는 놀이입니다. 놀이를 시작하
기 전에 "기쁠 때는 어떤 표정일까? 화가 났을 때는?"과 같이 감정과 표정을 연결 지으며 생각해보는 시간을 가져주
세요.

놀이를 할 때는 노래와 함께 우스꽝스러운 표정을 지으면서 재미있게 즐겨주세요. 아이가 놀이에 익숙해지면 '즐
거운' 부분을 '놀란', '부끄러운', '설레는'과 같이 다양하게 바꿔 불러도 좋습니다.

얼굴에는 약 60개의 근육이 있다고 합니다. 이를 '표정 근육'이라
고 부르는데 표정 근육을 단련시키면 얼굴형이 예뻐지고 부드러
운 인상을 만들 수 있어요. 표정과 감정은 서로 영향을 미칩니다.
즐거운 표정을 짓다 보면 마음도 즐거워지죠. 희로애락을 곁들인
눈싸움 놀이를 통해 표정 근육을 많이 쓰다 보면 웃는 표정이 자
연스럽게 늘어나요. 웃는 표정을 자주 지으면 기분도 즐거워져서
감정 조절이 수월해집니다. 손거울을 이용해서 자신의 표정을 직
접 확인해보는 것도 새미있는 방법입니다.

되도록 많은 표정 근육을 쓰면서 다양한 표정을 만들어 보여주
세요. 아이와 웃고 즐기는 동안 얼굴이 작아지는 효과를 얻을 수
있을지도 몰라요.

스마일~

웃는
표정!!

감정 표현 놀이

23

칭찬 캐치볼

놀이의 목적

✔ 서로의 장점에 대해 이야기 나누면서 즐거움을 느껴요

준비

- 안전하게 뛰어놀 수 있는 장소
- 공

놀이 순서

1. 2명씩 짝을 지어요.

2. 상대방의 장점을 1가지 말하면서 공을 던져요.

   예 경수는 상냥한 점이 참 좋아.
      다예는 그림을 잘 그려.

너는 달리기를 잘해서 멋있어

③ 공을 받은 사람도 마찬가지로 상대방의 장점을 1가지 말하고 공을 다시 던져요.

④ 5회 정도 공을 주고받았다면 신호에 맞춰 짝꿍을 바꿔요.

⑤ 새로운 친구와 짝꿍이 되어 놀이를 다시 시작해요.

Tip **칭찬하는 연습**

아이들이 어리다면 공을 던지지 않고 굴려도 좋습니다. 발달에 맞게 적절한 방법을 선택해주세요. 안전하게 놀 수 있는 곳, 되도록 넓은 장소에서 해주세요. 단, 말을 주고받아야 하는 만큼 실외보다는 실내에서 해야 서로의 목소리가 잘 들립니다.

아이들에게 '공'이 서로의 소중한 '마음'이라고 생각해보자고 말해주세요. 그래서 이 놀이가 단순히 공을 주고받는 놀이가 아니라, 마음과 마음을 주고받는 커뮤니케이션 놀이가 될 수 있도록 해주세요. 아이가 어떤 말을 해야 할지 모르겠다며 고민할 때는 꼭 장점이 아니어도 된다고 알려주세요. 대단하다고 생각하거나 열심히 하는 일처럼 긍정적인 생각이라면 어떤 말을 건네도 상관없습니다. 큰 목소리로 긍정적인 말을 내뱉으면 답답한 마음이 후련해지는 효과도 있답니다.

너는 참 노래를 잘해 정말 멋있어!

다른 사람이 자신의 상점을 인성해주고 칭찬해주면 자신감과 의욕이 생기고 힘이 샘솟지요. 공을 주고받기가 어려운 상황이라면 바둑알이나 인형을 주고받으면서 놀이해도 좋아요.

사이좋게 공 튀기기

놀이의 목적

☑ 감정 어휘를 배워요

준비

- 공

놀이 순서

1. 3~4명 정도씩 팀을 만들어요.

2. 팀별로 어떤 감정 어휘를 알고 있는지 이야기를 나누는 시간을 가져요.

3. 순서를 정하고 공을 튀기기 전에 각자 어떤 감정 어휘를 말할지 결정해요.

④ 순서대로 선택한 감정 어휘를 말하면서 공을 튀깁니다. 1번 튀길 때마다 1글자씩 말하며 글자 수 만큼 공을 튀기고 다음 친구에게 공을 넘겨주세요. (공은 연속으로 통통통 튀겨도 되고 매번 공을 잡으며 통, 통, 통 튀겨도 돼요.)

　　예 　좋다 - 2회, 즐겁다 - 3회, 행복하다 - 4회, 만족스럽다 - 5회 등

⑤ 다음 사람에게 공을 넘기는 동안 나머지 사람은 앞 사람이 공을 튀긴 횟수만큼 손뼉을 치며 기다려요.

　　예 　좋다 (2회 튀기기) - 공을 넘긴다 (2회 손뼉 치기) → 즐겁다 (3회 튀기기) - 공을 넘긴다 (3회 손뼉 치기) → 행복하다 (4회 튀기기) - 공을 넘긴다 (4회 손뼉 치기)

⑥ 감정 어휘가 떠오르지 않을 때는 팀원들끼리 서로 도와 놀이가 계속 이어질 수 있도록 해주세요.

Tip　　**경청하는 자세, 협동하는 자세 익히기**

감정 어휘에 대해 아이들끼리 이야기 나누다 보면 더 적극적으로 어휘를 배울 수 있습니다. 누가 공을 잘 튀기는지 경쟁하는 놀이가 아니므로 공은 연속으로 튀기든 매번 다시 잡아서 튀기든 상관없어요. 친구의 말에 집중할 수 있도록 나머지 아이들은 친구가 공을 튀긴 횟수만큼 손뼉을 치면서 기다리도록 알려주세요.

　팀원들끼리는 서로 도울 수 있게 해주세요. 단어가 생각나지 않는 친구가 있다면 가능한 많은 감정 어휘가 나오고 공을 오랫동안 튀길 수 있도록 서로 도와주라고 해주세요. 모두 힘을 합쳐 해내는 놀이라는 인식을 심어주면 중간에 실패하더라도 1명의 탓으로 돌리지 않고 계속 재미있게 놀이할 수 있습니다.

　놀이에 익숙해지면 팀별로 경쟁을 시켜도 좋습니다. 3분 정도 제한 시간을 주고 팀별로 협력해서 되도록 많은 어휘를 성공시키도록 하면 놀이가 더욱 흥미진진해져요. 이때는 다양한 감정 어휘를 떠올려야 하다 보니 처음에 다 같이 감정 어휘에 대해 상의하는 시간이 중요해요. 이 점을 엄마가 알려주면 아이들끼리 더 진지하게 감정 어휘에 내해 싱킥하게 되겠죠?
일반 공보다는 탱탱볼이 아이들이 다루기가 훨씬 쉽습니다. 적당한 공을 선택해서 재미있게 놀아보세요.

숨어 있는 단어를 찾아라

놀이의 목적

✔ 감정 어휘를 배워요

준비

- 화이트보드
- 보드 마커

놀이 순서

1. 화이트보드에 가로, 세로 4칸씩
   총 16칸의 네모를 그려주세요.
   (활동지를 만들어도 좋아요.)

2 미리 생각해둔 글자를 1칸에 하나씩 채워 넣어주세요.

3 아이는 16개의 글자 속에 숨겨진 감정 어휘를 찾아봅니다.

4 아이가 감정 어휘를 찾아낼 때마다 화이트보드에 적어주세요.

예 즐겁다, 행복하다, 신난다, 부끄럽다, 섭섭하다, 서운하다, 슬프다 등

5 찾아낸 감정 어휘를 하나하나 살펴보면서 어떨 때 쓰이는 단어인지 이야기 나눠요.

Tip   **감정 어휘, 어떻게 쓰이는지 알아야 제대로 표현한다**

처음에는 아이에게 익숙한 감정 어휘를 사용해서 문제를 내주세요. 가능한 많은 감정 어휘를 찾는 놀이이기 때문에 같은 글자를 중복해서 사용해도 됩니다.

80쪽 그림 속에 숨은 감정 어휘는 몇 개나 될까요? 어느 곳에 있는 글자를 써도 상관없고, 같은 글자를 반복해서 사용해도 괜찮아요.

놀이에 익숙해지면 16개의 글자를 아이가 직접 쓰게 해도 좋습니다. 또는 팀별로 누가 더 많은 단어를 찾아내는지 대결하면 더욱 재미있습니다. 팀별로 칸을 채우고 가장 많은 감정 어휘를 찾아낸 팀이 이기는 것입니다. 칸수를 25칸으로 늘리면 더 많은 감정 어휘를 숨길 수 있겠죠.

글자를 조합해가며 단어를 찾는 과정 속에서 아이는 자연스럽게 감정 어휘를 배웁니다. 단어를 찾은 다음에는 단어에 대한 이해를 높이기 위해 찾아낸 감정 어휘가 일상에서 어떻게 쓰이는지 알아보는 시간도 꼭 마련해주세요. 나의 기분에 따라 어떤 감정 어휘를 써야 하는지 알게 되면 아이의 감정 표현력이 크게 향상됩니다.

사라진 글자를 찾아라

놀이의 목적

✔ 감정 어휘를 배워요

✔ 친구들과 힘을 합쳐 감정 어휘에 대해 생각해봐요

준비

- 화이트보드
- 보드 마커
- 메모지, 연필

놀이 순서

① 3~4명씩 팀을 만들어서 각자 메모지와 연필을 가지고 팀별로 앉아요.

② 팀원들끼리 상의해서 서로 겹치지 않게 감정 어휘를 하나씩 메모지에 적습니다.

③ 단어에서 글자 하나를 지워 공란으로 만들고 문제를 내요.

ⓔ 부끄럽다 → 부○럽다
화나다 → ○나다
어색하다 → ○색하다

문제
A팀 '부○럽다'
B팀 '○나다'
C팀 '○색하다'

④ 문제를 내는 팀은 앞으로 나와 서고, 엄마는 아이들이 낸 문제를 화이트보드에 적습니다.

⑤ 나머지 팀은 팀원들끼리 상의해서 빈칸에 들어갈 글자를 생각해내고 팀별로 답합니다.

⑥ 다른 팀이 정답을 맞히지 못하면 퀴즈를 낸 팀이 점수를 받아요. 가장 많은 점수를 받은 팀이 승리!

Tip **친구와 감정 어휘에 대해 상의하는 시간**

문제를 내는 방법은 아이들이 이해하기 쉽도록 예를 들어 설명해주세요. 아이들이 문제를 내고 맞힐 때 감정 어휘를 사용하는지 꼭 확인하고, 감정 어휘가 아니라면 다시 문제를 내도록 가르쳐주세요. 정답은 반드시 원래 메모지에 적혀 있던 단어여야 합니다. 예를 들면 '○나다'의 경우 메모지에 적혀 있는 '화나다'만 정답이 됩니다. '신나다'와 '겁나다'도 감정 어휘에 속하지만 여기서는 정답이 될 수 없어요. 또 '별나다'와 같은 일반적인 형용사도 정답이 아니에요.

이 놀이의 재미 중 하나는 팀원들끼리 협력해서 답을 생각하는 것입니다. 1분 정도 정답을 생각하는 시간을 주면서 아이들끼리 감정 어휘에 대해 진지하게 이야기 나눌 수 있도록 해주세요.

놀이에 익숙해지고 감정 어휘를 많이 알게 되면, 단어에서 글자 2개를 빼서 문제를 더 어렵게 내보도록 하세요. 점수를 얻을 기회가 늘어나서 놀이가 더욱 재미있어집니다.

신나다 X
겁나다 X
별나다 X

화나다

누가 먼저 도착하나, 가위바위보

놀이의 목적

☑ 감정 어휘를 배워요

준비

• 없음

놀이 순서

1 시작과 골인 지점을 정해주세요.

2 시작 지점에 나란히 서서 가위바위보를 합니다.

3 이긴 사람은 감정 어휘를 말하고 글자 수만큼 앞으로 걸어갑니다.

⑩ 좋다(2보), 무섭다(3보), 행복하다(4보), 만족스럽다(5보) 등

❹ 가장 먼저 골인 지점에 들어온 사람이 승리입니다.

행·복·하·다

Tip

음절과 수 이해하기

계단을 올라갈 때 친구와 자주 하던 놀이에 감정 어휘를 넣어서 새롭게 만들어보았어요. 원래는 가위바위보에서 이긴 사람이 정해진 숫자만큼 계단에 오르는 놀이인데 여기서는 이긴 사람이 감정 어휘를 말하고 그 단어의 글자 수만큼 전진합니다.

　실외에서 해도 좋지만 실내에서도 충분히 즐길 수 있어요. 종이에 빈칸을 그려 놀이판을 만들고 보드게임처럼 자기 말을 앞으로 나아가게 하는 거예요. 놀이판은 여러 번 사용할 수 있도록 코팅해두면 좋아요.

　이 놀이는 아이가 알고 있는 감정 어휘의 수가 어느 정도 늘어났을 때 활용하면 더 재미있게 즐길 수 있어요. 놀이를 하는 동안 아이는 자신이 알고 있는 감정 어휘 중 되도록 많이 전진할 수 있는 단어가 무엇인지 고민하게 됩니다. 또 골인 지점에 먼저 도착해야 하기 때문에 어휘를 잘 모르는 아이는 많은 어휘를 알고 있는 사람의 말을 유심히 들으면서 스스로 단어를 외우려고 노력하게 되죠.

　먼저 아이와 함께 시작과 골인 지점을 정하고 주변 환경을 정리해서 아이가 놀이에 흥미를 느끼도록 유도해주세요. 엄마와 둘이 즐기는 것도 좋지만, 가족들과 혹은 아이들끼리 주체적으로 놀 수 있도록 해주면 자연스럽게 감정 어휘를 습득할 수 있어요. 마지막 골인 지점에 들어올 때는 걸음 수가 딱 맞아떨어지도록 글자 수와 보폭을 계산해서 감정 어휘를 말하게 하면 더욱 재미있습니다. 놀이를 반복하다 보면 어느새 엄마 없이도 친구들과 재미있게 놀고 있을 거예요.

멋있다

배 고프다

좋아한다

칭찬 릴레이

놀이의 목적

✔ 자신과 주변 사람들의 장점이 뭔지 알아요

✔ 자존감이 높아져요

준비

• 없음

놀이 순서

① 동그랗게 모여 앉아서 놀이를 시작해요.

② 시계 방향으로 돌아가면서 옆 사람에게
자신의 장점을 묻고 이야기를 주고받습니다.

내 좋은 점이 뭔지 알아?

그럼 알지

예 A: 내 좋은 점이 뭔지 알아?

B: 그럼 알지.

A: 내 좋은 점이 뭔지 알려줘.

B: 네 좋은 점은 다정하다는 거야.

A· 내 좋은 점은 다정하다는 거구나. 고마워.

B: 응, 나도 고마워.

❸ 이야기가 끝나면 처음에 질문을 받았던 사람이 왼쪽에 앉은 사람에게 질문을 해요.

❹ 1바퀴를 전부 돌면 놀이가 끝납니다.

Tip **마음 깊이 남는 나의 장점**

아이를 돌볼 때 자주 활용되는 '장점 찾기' 놀이예요. 이 놀이에는 2가지 특징이 있어요. 먼저 평소에는 잘 물어보지 않는 나의 장점에 대해서 주변 사람에게 "내 좋은 점이 뭔지 알아?" 하고 묻는 부분이에요. 여기서 말하는 좋은 점은 듣는 사람이 기뻐할 만한 말이라면 뭐든지 괜찮아요. 예를 들면 '다정하다, 멋있다, 달리기를 잘한다, 그림을 잘 그린다, 남을 잘 돌본다, 엄마를 잘 도와준다'처럼 말하는 사람이 멋지고 대단하고 좋다고 생각된다면 무엇이든 상관없습니다.

또 다른 특징은 옆 사람이 말해준 자신의 장점을 반복해서 말하는 부분이에요. 장점을 듣고 반복해서 말한 다음, 다시 옆 사람에게 고마움을 전하죠. 옆 사람이 말해준 자신의 장점을 인지하고, 스스로 말로 표현하면 가슴에 더 오래 남고 마음이 포근해집니다. 그렇기에 더더욱 옆 사람에게 진심으로 끄덕이고 말하게 되요.

이야기를 주고받는 연습은 커뮤니케이션 능력 향상에도 도움이 됩니다. 놀이를 통해 상대를 배려하면서 이야기하는 연습을 하면 평소에 주고받는 대화에도 변화가 나타나게 됩니다.

상대를 배려하면서
이야기를 주고받는 능력이 자라나요!

29

친구를 응원해요

놀이의 목적

✔ 자신과 친구의 장점을 알아요

✔ 자존감이 높아져요

준비

- 음악 기기
- 탬버린
- 홀처럼 넓은 공간

놀이 순서

1 힘차게 걸을 수 있는 음악을 틀어주세요. (피아노 등으로 연주해도 좋아요.)

2 아이들은 음악에 맞춰 힘차게 걷다가 음악이 멈추면 그 자리에 멈춰 섭니다.

칭칭

2번이다

2명이 모이는 거야

3 엄마는 탬버린을 두드려요.

4 아이들은 탬버린 횟수와 같은 인원수로 모여요. 인원이 채워지면 손을 잡고 자리에 앉습니다.

    (예) 탬버린 2회→2명, 탬버린 4회→4명

5 앉은 상태에서 서로 돌아가면서 응원 메시지를 교환해요.

    (예) 4명이 모였다면 3명이 1명에게 응원 메시지를 전합니다. 순서를 바꿔가며 모두 응원 메시지를 받도록 해주세요. "정우는 당근을 싫어하는데도 열심히 먹었어", "정우는 모래 놀이터에서 산을 진짜 열심히 만들었어", "정우는 달팽이를 아주 정성껏 돌봐준대" 등

Tip   **친구들의 칭찬에 높아지는 자존감**

노래에 맞춰 춤을 추다가 정해진 인원만큼 모이는 놀이를 응용해보았어요. 피아노나 음악 기기를 이용해서 배경 음악을 틀어놓고 신나는 분위기 속에서 놀이해보세요. 탬버린을 쳐서 인원수를 알려주면 소리에 좀 더 집중할 수 있습니다. 2명이 모이면 서로에게 응원 메시지를 전하기 쉽기 때문에 익숙해지기 전까지는 모이는 인원수를 둘로 하는 것이 좋아요. 이때는 다양한 응원 메시지를 들을 수 있도록 계속 해서 같은 친구가 아닌 다른 짝을 선택하도록 알려주세요.

모이는 인원을 늘리면 응원 메시지도 늘어나기 때문에 놀이가 조금 복잡해집니다. 하지만 친구에게 흥미를 갖기 시작하고, 연대 의식이 싹트기 시작하는 만 6세 정도의 아이라면 4명이 모여서 응원 메시지를 교환하는 것도 충분히 할 수 있어요.

좋아? 싫어?

놀이의 목적

✔ 자신이 좋아하는 것, 싫어하는 것과 그 이유를 말할 수 있어요

✔ 사람들의 이야기를 듣고 사람마다 생각이 다르다는 사실을 배워요

준비

- 화이트보드
- 보드 마커
- 자석이 달린 이름표(사진을 붙이고 이름을 써주세요.)
- 문제 미리 생각해오기

놀이 순서

① 화이트보드에 문제를 적고 '좋다'와 '싫다' 밑에 공간을 만들어두세요.

② 아이는 '좋다'와 '싫다' 중 하나를 선택해서 아래에 이름표를 붙입니다.

③ 모두 이름표를 붙였다면 좋아하는 팀과 싫어하는 팀으로 나눠 앉아요.

④ 아이들에게 해당 답을 선택한 이유를 묻습니다.

⨀ 왜 ○○을 좋아한다고(싫어한다고) 생각했어?

⑤ 아이의 의견을 충분히 들었다면 놀이를 끝내세요.

⑥ 좋아하는 팀과 싫어하는 팀에서 나온 의견을 다시 한번 다 같이 살펴봐주세요. 이기고 지는 놀이가 아니라 아이마다 생각이 다르다는 것을 확인하는 놀이라고 알려주세요.

Tip **다양한 생각과 이유를 받아들인다**

'피망', '당근'처럼 친근한 사물이나 '노래 부르기', '달리기', '그림 그리기'처럼 자주 하는 놀이를 문제로 내서 아이가 문제를 쉽게 떠올리고 쉽게 결정할 수 있도록 해주세요. 처음에는 답하기 쉽고 의견이 분명하게 갈릴 만한게 좋습니다. 여기에는 오답이나 정답, 승패가 없어요. 저마다 생각이 다르고 그렇게 생각하는 이유도 가지각색이라는 점을 깨닫는 것이 중요합니다.

아이가 이유를 대답하면 정리해서 한번 더 말해주세요. "다예는 피망이 써서 싫어하는구나", "경수는 고기랑 같이 먹으면 맛있어서 좋아하는구나"처럼 "그래서 좋아하는구나(또는 싫어하는구나)" 하고 한번 더 말로 표현해주면 아이는 자신의 마음을 정리할 수 있고 친구들의 마음도 이해할 수 있어요. 이러한 대화가 습관이 되면 자신의 마음을 표현하기도 쉬워집니다.

이름표는 만들어두면 편리해요. 이번 기회에 한번 만들어보세요. 코팅해서 뒷면에 자석을 붙이면 오랫동안 사용할 수 있습니다.

코팅을 하고 뒷면에는 자석을 붙입니다

31

즐거운 이야기를 들려줘

놀이의 목적

✔ 주변 사람에게 즐거운 이야기를 들려주며 기쁨을 느껴요

✔ 타인의 이야기에 귀 기울이며 즐거운 마음에 공감해요

✔ 즐거운 마음이 잘 전달되도록 자신의 생각을 정리해서 말할 수 있어요

준비

• 없음

놀이 순서

① 리더를 정한 다음 동그랗게 모여 앉습니다.

② 리더는 한 쪽 손만, 나머지 사람은 손등이 위를 향하도록 양손을 앞으로 내밀어요.

> 즐·거·운·이·야·기·를
> 들·려·주·세·요

③ 리더는 자신의 한 손을 시작으로 시계 방향 순서대로 "즐·거·운·이·야·기·를·들·려·주·세·요"라고 말하면서 글자 하나당 친구들의 손을 하나씩 가리킵니다.

④ 마지막 글자 '요'에 걸린 사람은 그 손의 손바닥이 위로 올라오노록 뒤집어요. 리더는 뒤집힌 손의 다음 손부터 다시 시작해 한 글자씩 말하며 각 손을 가리킵니다. 이때 손바닥은 빼고 손등만 가리켜주세요.

⑤ '요'에 2번 걸려서 양손을 전부 뒤집힌 사람은 손을 빼고 한 발짝 물러서서 무리에서 잠시 빠져요. (리더는 한 손만 뒤집혀도 제외됩니다.)

⑥ 1명만 남게 되면 다 같이 "즐거운 이야기를 들려주세요!" 하고 외쳐요. 마지막으로 남은 사람은 자신이 겪은 즐거운 이야기를 사람들에게 들려줍니다.

Tip **즐거운 이야기를 함께 나누는 기쁨**

다른 사람에게 즐거운 이야기를 전달하면 기분이 좋아지죠. 빨리 말하고 싶어서 두근거리고 설레는 마음으로 놀이를 즐겨보세요. 리더를 맡은 사람은 손가락으로 사람들의 손을 가리킬 때 되도록 천천히 하도록 알려주세요. 특히 몇몇 사람이 손을 뒤집은 다음부터는 헷갈리기 쉽기 때문에 서두르지 않아도 된다고 말해주면 편안한 마음으로 놀이를 즐길 수 있어요. 여러 번 반복할 때는 앞서 즐거운 이야기를 한 사람이 다음 리더를 맡도록 하면 불만 없이 놀이가 진행될 거예요.

마지막에 1명이 남았을 때 다 같이 "즐거운 이야기를 들려주세요!"라고 외치면 이야기를 시작할 수 있는 분위기가 만들어집니다. 이야기를 들은 사람들은 손뼉을 치거나 "잘됐다", "진짜 좋았겠다"처럼 반응해수면서 공감하는 마음을 표현하도록 해주세요. 모처럼 즐거운 이야기를 했는데 아무 반응이 없으면 힘이 빠져버리니까요. 이 놀이는 다른 사람의 이야기에 공감하면서 듣는 연습도 된답니다.

하루에 한 번 "고마워"

놀이의 목적

✔ "고마워"라고 말하면 나와 상대방 모두가 기분이 좋아짐을 느껴요

✔ 누군가의 친절이나 도움을 받는 경험을 해요

✔ 일상생활 속에서 "고마워"라는 말을 자연스럽게 쓸 수 있어요

✔ "별거 아니야"라고 대답하면서 흐뭇한 기분을 느껴요

준비

- 없음

놀이 순서

① 하루에 1번 이상 "고마워"라고 말하거나 친구들에게 고맙다는 말을 들었을 때 "별거 아니야"라고 말하기로 약속합니다.

- **약속 1**: 누군가가 도와주거나 친절하게 대해주었을 때는 "고마워"라고 말해요.

- **약속 2**: 누군가가 고맙다고 말했을 때는 "응, 별거 아니야"라고 대답해요.

- **약속 3**: 하루에 1번 이상 약속을 지키면 성공!

② 참고할 만한 사례를 아이에게 들려주세요.

 예 설거지를 한 아빠에게 "고마워요"라고 말했어.

   옆집 할머니가 손수건을 주워줬을 때 "고맙습니다" 하고 말했어.

   네가 요리가 맛있다고 칭찬해줬을 때 "고마워요"라고 말했어.

③ 아이가 잠들기 전에 약속 지키기에 성공했
 는지 이야기 나누는 시간을 가져보세요.

Tip **고마운 마음을 표현하는 연습**

사람들과 잘 지내는 사람은 고마운 마음을 솔직하게 표현하는
경우가 많아요. 이 놀이는 다른 사람과 잘 지내기 위한 훈련이
기도 합니다. "고마워", "별거 아니야"라는 말은 참 기분 좋은 대
화죠. 앞으로 많은 사람과 관계 맺으며 살아가야 할 우리 아이
들이 꼭 자주 썼으면 하는 말 중 하나입니다.
 평소 주변에 널려 있는 감사한 일들에 꼭 고맙다고 표현해보
세요. 아이는 엄마의 모습을 보고 따라 하기 마련이에요. 고맙
다는 말은 엄마와 아이의 신뢰 관계 형성에도 도움을 주고, 연
대감을 높이는 데도 효과적입니다.

감정 표현 놀이

33

행복의 메시지 릴레이

놀이의 목적

✔ 부모와 아이의 신뢰 관계가 더욱 깊어져요

✔ 부모와 아이가 서로의 좋은 부분을 말해주면서 즐거움을 느껴요

✔ 평소에 하지 못했던 말을 전하면서 서로가 소중한 존재임을 확인해요

준비

• 없음

놀이 순서

1 아이와 마주 앉아 손을 잡아요.

2 아이의 좋은 부분을 1가지 말해줘요.

　예 엄마는 너의 웃는 얼굴이 참 좋아.

　　 엄마는 네가 밝게 노래하는 목소리가 참 좋아.

③ 엄마의 이야기를 들은 아이는 "아, 행복해" 하면서 즐거운 기분을 말로 표현해요.

④ 이번에는 아이가 엄마의 좋은 부분을 1가지 말해요.

　　예 나는 엄마가 손잡아줄 때가 제일 좋아!
　　　나는 엄마의 말랑말랑 뱃살이 제일 좋아!

⑤ 아이의 이야기를 들은 엄마는 "아, 행복해" 하면서 즐거운 기분을 말로 표현해요.

⑥ 여러 번 반복하면서 행복의 메시지를 교환해요.

Tip **자꾸자꾸 표현하기**

영유아기의 아이는 엄마, 아빠를 가장 좋아합니다. 물론 부모님도 아이를 가장 좋아하죠. 하지만 이런 마음을 아이에게 잘 표현하지 못하는 부모님이 많아요. 너무나 당연한 이야기라서 굳이 말로 표현하지 않는 것 같아요.

　하지만 "엄마는 네가 가장 소중해", "아빠는 너를 가장 사랑한단다"처럼 마음을 평소에 말로 표현하지 않고 화내거나 혼내기만 하면 아이는 부모님의 사랑을 느낄 수 없어요. 그래서 서로의 마음을 확인하고 행복해지는 놀이를 만들어보았습니다.

　좋은 부분을 찾아낼 때는 시각, 청각, 미각, 촉각, 후각을 활용해보세요. 아주 사소한 부분이라도 좋으니 최대한 많이 찾아내서 말로 표현하는 게 중요합니다. 놀이기면서 서로의 좋은 부분을 말할 때마다 "행복해", "너무 기쁘다"처럼 속마음을 말로 표현해주세요. 서로를 향한 애정을 만끽하면 아이와의 관계가 더욱 깊어질 거예요.

인터뷰를 해요

놀이의 목적

✔ 상대방의 마음을 능숙하게 물어볼 수 있어요
✔ 자신의 마음을 정리해서 말할 수 있어요

준비

• 직접 만든 마이크

놀이 순서

① 아이 중 1명이 인기 스타 역을 맡아요. 나머지
사람은 기자 역을 맡습니다.

② 기자는 마이크를 쥐고 "당신은 무엇을 좋아합
니까?"라고 질문해요. (질문 내용은 싫어하는 것, 하고
싶은 것 등 자유롭게 바꿀 수 있어요.)

③ 기자가 마이크를 갖다 대면 인기 스타는 질문에 대답을 해요.

> ㉠ 저는 야구를 좋아합니다.

④ 기자는 인기 스타의 대답을 따라 말한 다음 이유를 물어봅니다.

> ㉠ 아, 야구를 좋아하시는군요. 그 이유는 뭔가요?

⑤ 인기 스타는 질문에 다시 대답해요.

> ㉠ 공을 던지는 게 좋기 때문입니다.

⑥ 여러 가지 질문과 대답을 나누었다면 마지막에는 서로에게 감사의 인사를 해요.

Tip **경청하는 태도 기르기**

놀이를 시작하기 전에 질문은 되도록 감정에 관한 것이어야 한다고 알려주세요. 익숙해지기 전까지는 엄마가 기자 역을 맡는 것이 좋아요.

기자가 나의 대답을 듣고 따라서 말하면 상대방에게 자신의 생각이 받아들여졌다는 느낌이 들어요. "당신이 좋아하는 것은 야구군요. 그렇다면 왜 야구를 좋아합니까?"와 같은 식으로요. 그다음 질문에 대한 대답을 들었을 때도 마찬가지로 따라서 말하도록 알려주세요. 인터뷰가 끝난 다음에는 서로 이야기를 잘 들어주어서 감사하다는 의미의 인사를 반드시 나누도록 합니다.

인터뷰 놀이를 하다 보면 상대방의 마음을 묻는 커뮤니케이션 기술을 자연스럽게 익히게 됩니다. 장난감 마이크가 있다면 더 실감 나게 놀이할 수 있어요. 마이크를 만들어서 놀이에 활용해보세요.

> 당신은 무엇을 좋아합니까?
>
> 기자
>
> 저는 야구를 좋아합니다
>
> 인기 스타

감정 표현 놀이
35

있잖아, 사실은 말이야

놀이의 목적

✔ 평소에 하지 못했던 말을 놀이를 통해서 전달해요

✔ 자신의 속마음을 털어놓을 수 있어요

✔ 솔직하게 말하면 때로는 자신의 바람이 이루어진다는 사실을 배워요

준비

• 없음

놀이 순서

1 아이에게 자신의 진짜 속마음을 털어놓는, '있잖아, 사실은 말이야' 시간에 대해 설명합니다. 먼저 엄마가 자신의 속마음을 털어놓아요.

예) 있잖아, 사실은 말이야. 엄마는 아이돌 가수가 되고 싶었어. 그래서 예쁘게 차려입고 마음껏 춤추고 싶었어.

② 아이에게 자신의 속마음을 털어놓고 싶은 게 있는지 물어보세요.

③ 아이의 속마음을 듣고 도울 방법이나 해결책은 없는지 다 같이 생각해봅니다.

④ 엄마는 아이의 속마음을 적어둡니다.

⑤ 아이의 속마음을 가족들과 공유하는 시간을 가져주세요.

Tip 　**솔직한 마음 말하기**

'있잖아, 사실은 말이야'라는 문장에 상징적인 의미를 부여하고 반복해서 사용하면 자연스럽게 아이의 마음이 열리면서 자신의 바람과 꿈, 소망 등을 고백할 수 있게 됩니다. 평소에는 부끄러워서 하지 못했던 말도 놀이를 통해 전달할 수 있게 되죠. 또 "사실은 ○○라고 생각해요"처럼 아이가 자신의 의견을 분명하게 말할 수 있는 훈련도 됩니다.

주의해야 할 점은 자신이 중심이 되는 바람을 말해야 한다는 거예요. 예를 들어 "엄마가 화내지 않았으면 좋겠어요", "아빠가 장난감을 사주면 좋겠어요"처럼 다른 사람이 나에게 해주었으면 하는 일은 제외하도록 해주세요. 다른 사람이 뭔가를 해주지 않더라도 자신이 노력해서 얻어낼 수 있는 것이라면 일마든지 스스로 이뤄낼 수 있기 때문입니다. 자기 스스로 방법을 찾거나 열심히 노력해서 뭔가를 이루어낸다면 아이의 자존감은 크게 올라갑니다. 또 자신을 중심에 두고 생각하는 습관이 생기면 남을 탓하는 사고방식도 줄어듭니다.

선서합니다

놀이의 목적

✔ 자신의 소망을 말로 표현하면서 긍정적인 마음을 가져요

✔ 자신의 결심을 주변 사람들과 공유하면서 의욕을 높여요

✔ 주변 사람들의 응원으로 용기를 얻어요

준비

• A4 용지(1/4 크기로 잘라요.)
• 연필, 색연필
• 화이트보드
• 보드 마커

놀이 순서

1️⃣ 자신이 되고 싶은 모습이나 이루고 싶은 일을 떠올려 보고, 그 일을 해내기 위해서 내가 하기로 결심한 내용을 종이에 적어요.

예 • 소망: 줄넘기를 100번 넘고 싶다, 당근을 먹을 수 있으면 좋겠다, 팽이를 잘 돌리고 싶다 등

히죽
히죽

- **결심**: 매일 아침 줄넘기를 한다, 고기와 함께 당근을 먹는다, 줄을 정성껏 감아서 옆으로 던진다 등

② 다 적은 종이는 엄마에게 제출해요.

③ 엄마는 아이들이 적은 내용 중 1개를 골라 화이트보드에 적습니다.

저는 줄넘기를 100번 넘기 위해 매일 아침 연습하겠습니다!

④ 다 같이 누구의 결심인지 맞혀봐요.

⑤ 정답이 나오면 해당 결심을 쓴 사람은 일어서서 "저는 ~를 위해 ~하겠습니다" 하고 사람들 앞에서 발표를 해요.

⑥ 나머지 사람들은 격려의 박수와 함께 응원의 메시지를 전해요. 또 결심을 적고 누구의 결심인지 맞혀보는 퀴즈를 반복합니다.

Tip **원하는 바를 당당하게 말하기**

만 4~5세가 되면 장래 희망과 같은 꿈을 가지게 돼요. 아이는 자신이 되고 싶은 모습이나 이루고 싶은 일을 떠올려보면서 설레는 마음으로 놀이에 참여한답니다. 먼저 꿈을 이루기 위해서 지금 내가 무엇을 하면 좋을지 생각해보고 결심을 적어요. 종이에 적을 때는 '~했으면 좋겠다, ~하고 싶다'처럼 자신 없는 표현보다는 '~하겠다, ~이 되겠다'처럼 단호한 말투를 쓰도록 알려주세요.

누구의 결심인지 맞혀보는 과정도 참 재미있습니다. 친구들이 자신의 결심을 알아봐주면 기분이 좋아지죠. 정답이 나오면 해당 결심을 적은 아이는 일어서서 친구들에게 선서를 합니다. 그러면 자신감도 생기고 의욕도 넘치게 되죠. 모두 앞에서 목표를 말하면 나중에 주변 사람의 도움을 받을 수도 있습니다.

짝짝
짝짝

단어 연상 게임

놀이의 목적

✔ 자신의 감정을 솔직하게 표현해요
✔ 감정을 떠올리고 연상하는 것을 즐겨요
✔ 사람마다 다르게 느낄 수 있음을 배워요

준비

• 화이트보드
• 보드 마커

놀이 순서

1 모두 둥글게 모여 앉으면 놀이의 규칙을 설명해주세요.

단어 연상 게임 규칙

① 첫 번째 사람이 '사물의 이름'과 그와 연관
된 '감정 어휘'를 말해요.

예 '도깨비' 하면 '무섭다', '놀이공원' 하면
'재미있다', '운동회' 하면 '신난다' 등

② 말이 끝나면 손뼉을 4번 쳐요.

③ 두 번째 사람은 첫 번째 사람이 말한 '감정 어휘'를 말하고 이와 연관된 '사물의 이름'을 말해요.

　　㉤ '무섭다' 하면 '롤러코스터', '재미있다' 하면 '그림책', '신난다' 하면 '놀이터' 등

④ 말이 끝나면 손뼉을 4번 쳐요.

⑤ 위 과정을 계속 반복해요.

　　㉤ '도깨비' 하면 '무섭다' → '무섭다' 하면 '롤러코스터' → '롤러코스터' 하면 '긴장된다' → '긴장된다' 하면 '달리기' → '달리기' 하면 '힘들다' → '힘들다' 하면 '음료수'

❷ 같은 단어를 반복해서 말해도 괜찮아요.

❸ 처음에는 박자를 놓치더라도 천천히 진행해 모든 사람이 참여할 수 있도록 해주세요.

❹ 그다음 바퀴부터는 리듬에 맞춰서 본격적으로 놀이를 시작해요.

❺ 손뼉을 4번 치는 동안 단어를 말하지 못하면 원 한가운데에 앉아요.

❻ 인원이 몇 명 남지 않았을 때는 손뼉 치는 횟수를 2번으로 줄여서 속도를 높입니다.

Tip　　**물건, 장소, 행동 등 모든 것에서 느껴지는 감정**

'사물'에서 연상되는 감정 어휘를 말하는 놀이입니다. 우리가 어떤 행동을 했을 때 감정이 생기듯이, '사물'에 대해서도 여러 가지 감정이 따라온다는 사실을 알 수 있습니다.

사람마다 다르게 느껴요

　화이트보드에 정해진 대사를 써서 설명한 뒤, 실제로 리듬에 맞춰 시범을 보여주면 쉽게 이해합니다. 처음에는 연습을 통해 모든 사람이 1번씩 참여할 수 있게 해주세요. 익숙해지기 전까지는 손뼉 치는 속도를 천천히 하거나 손뼉의 횟수를 늘려도 좋습니다. 놀이 순서 ❺번의 원에서 빠지는 룰은 놀이에 충분히 적응하고 감정 어휘가 다양하게 나올 때쯤 시도해주세요. 처음에는 다양한 감정 어휘를 연상해보며 재미있게 놀이를 즐기는 데 집중합니다.

38

바둑알을 모아라

놀이의 목적

✔ 감정 어휘를 배워요

준비

• 바둑알

놀이 순서

1 바닥에 바둑알을 쏟아 놓고 3~5명 정도씩 동그랗게 모여 앉습니다.

2 순서를 정한 뒤 첫 번째 사람부터 감정 어휘를 말한 다음 글자 수만큼 바둑알을 가져갑니다.

예 '행·복·하·다'라고 말하면서 글자 하나를 말할 때마다 1개씩, 총 4개의 바둑알을 가져옵니다.

행·복·하·다

③ 다음 사람도 감정 어휘를 말하고 글자 수만큼 바둑알을 가져가요.

④ 바둑알이 모두 없어지면 놀이를 끝내요.

⑤ 가장 많은 바둑알을 가진 사람이 승리합니다.

알고 있는 감정 어휘 총동원하기

바둑알이 많을수록 재미있게 즐길 수 있습니다. 바둑알이 적으면 놀이에 참여하는 인원수를 줄여주세요. 다만, 최소 3명 이상이 함께 해야 놀이가 시시해지지 않습니다. 바둑알이 모자라면 두꺼운 종이를 동그랗게 잘라서 사용하거나 페트병의 뚜껑 등을 이용해도 괜찮아요. 주변의 있는 물건을 자유롭게 활용해주세요.

감정 어휘를 많이 알고 있어야 놀이가 재미있기 때문에 활동 전에 함께 감정 어휘에 대해 배워보는 시간을 가져 주세요. 글자 하나당 하나의 바둑알을 가져올 수 있다는 점을 이해하면 놀이가 더욱 흥미진진해져요. '행복하다'는 4글자니까 총 4개의 바둑알을 가져올 수 있죠. 감정 어휘에 대해 배우면서 동시에 음절과 수에 대한 이해력도 높아집니다.

가장 많은 바둑알을 가진 사람이 승리하는 놀이기 때문에 감정 어휘 중에서도 글자 수가 많은 단어를 말하는 것이 유리해요. 이 점을 이해하면 다양한 감정 어휘를 배우고자 하는 의욕이 커지죠. 규칙을 살짝 바꿔서 감정을 흉내 내는 말을 추가해봐도 재미있답니다.

두꺼운 종이를 동그랗게 자르거나 페트병 뚜껑을 사용해도 좋아요!

ㄱ, ㄴ, ㄷ 땅따먹기

놀이의 목적

✔ 감정 어휘를 배워요

준비 --

• 땅따먹기 놀이용 활동지(A3 용지에 가로×세로 각각 15칸 정도를 미리 그려주세요.)

• 크레파스, 색연필 등

• 한글 자음표

놀이 순서 --

1 활동지 1장당 3~4명 정도가 놀이하기 적당합니다.

2 자신의 땅을 표시할 색을 하나씩 골라요.

3 순서를 정하고 첫 번째 사람이 'ㄱ'으로 시작하는 감정 어휘를 하나 말해요.

④ 말한 단어의 글자 수만큼 빈칸을 자신의 색으로 칠해 땅을 차지합니다.

　⑩ ㄱ-기쁘다, 3칸 칠하기

⑤ 자음표를 참고해서 ㄱ, ㄴ, ㄷ 순서에 따라 두 번째 사람은 ㄴ, 세 번째 사람은 ㄷ으로 시작하는 감정 어휘를 말합니다. 단어가 떠오르지 않을 때는 '패스'를 외칠 수 있어요.

　⑩ ㄱ-기쁘다 → ㄴ-놀라다 → ㄷ-두근거리다 → ㄹ-패스! → ㅁ-만족스럽다

⑥ 전 사람이 패스를 외쳤을 경우에는 그 자음은 건너뛰고, 그다음 자음에 해당하는 단어를 말해요. 가장 많은 땅을 차지한 사람이 승리입니다.

Tip ▶ **한글과 감정 어휘 동시에 익히기**

활동지를 만들 때 빈칸의 수는 자유롭게 정해보세요. 다만, 빈칸이 많을수록 땅을 넓히기 쉬워서 놀이가 재미있어집니다. 서로 땅을 칠하는 색깔이 겹치면 안 된다고 미리 알려주세요. 놀이를 진행할 때 한글 자음표가 있으면 자음 순서를 확인하기 쉬우니 1장씩 나눠주거나 모두가 볼 수 있는 곳에 붙여두세요.

　자신의 차례에 해당하는 자음으로 단어를 생각해야 하는 만큼, 아이에게는 좀 어려운 놀이입니다. 활동 전에 다양한 감정 어휘를 알아보는 시간을 가져주세요.

　자신이 말한 단어의 글자 수만큼 땅을 넓혀가는 과정은 아이에게 큰 재미를 선사합니다. 물론 패스를 외친 경우에는 칸을 칠할 수 없어요. 이때 원래는 다음 사람이 그다음 자음이 들어간 감정 어휘를 말하면 되지만, 규칙을 살짝 바꿔서 대답할 수 있는 사람이 있다면 대답한 다음 자신의 땅을 넓게 해도 재미있습니다. ㅎ까지 다 왔거나 빈칸이 모두 없어졌다면 놀이를 마무리해주세요. 가장 많은 땅을 차지한 사람이 승리하게 됩니다.

　시간이 있다면 어떤 감정 어휘들이 나왔는지 물어보세요. 같은 자음으로도 다른 감정 어휘를 떠올린다는 점을 알게 됩니다. 다양한 감정 어휘가 있다는 점을 새삼 깨닫는 계기가 되기도 한답니다.

'잘했다' 스티커 모으기

놀이의 목적

✔ 자신이 '잘했다'고 느낀 경험을 발표해요
✔ 자신이 노력하고 있다는 사실을 알게 돼요
✔ 다른 사람의 노력에 관심을 가져요
✔ 스티커를 모으면서 자신에 대한 긍정적인 감정을 갖게 돼요

준비

• '잘했다' 스티커와 개인용 카드(부록 160쪽 참고)

놀이 순서

① 스티커를 받을 수 있는 규칙에 대해 설명합니다.

스티커 받는 규칙

• 자신이 할 수 있게 된 일, 성공한 일, 노력한 일
  등 '잘했다'고 생각되는 일을 찾아내면 스티커
  를 받아요.

스티커는 하루에 2장까지
받을 수 있어요!

- 가족(또는 친구)의 좋은 점이나 노력하는 모습을 발견하면 가족(또는 친구)과 같이 스티커를 받아요.

- 스티커는 하루에 2장까지 받을 수 있어요.

2 오늘 자신이 잘한 일에 대해 1명씩 발표해요.

3 발표한 사람은 스티커를 받고 개인용 카드에 붙여요.

4 가족(또는 친구)이 잘한 일을 발견한 사람이 있다면 발표해요.

5 발표한 사람은 그 가족(또는 친구)과 같이 스티커를 받아요.

Tip 노력에 따른 성공이 자존감에 미치는 영향

잘했다!

귀여운 판다 스티커로 아이의 흥미를 끌어주세요. 부록에 실려 있는 캐릭터 그림을 활용하면 됩니다.

요일을 정해서 정기적으로 스티커를 얼마나 모았는지 확인해보세요. 꾸준히 스티커를 모으다 보면 긍정적인 방향으로 자신의 행동을 결정하게 됩니다. 이렇게 자신이 이뤄낸 성취나 성공들을 스티커로 가시화하면 만족감은 배가되고 자신감과 자존감을 높이는 데 도움이 됩니다. 커다란 종이에 누가 가장 많이 스티커를 모았는지 표시해두면 아이의 경쟁심을 자극할 수도 있습니다.

폴짝폴짝 점프

놀이의 목적

✔ 화가 났을 때 몸을 움직여서 감정을 발산해요
✔ 화를 털어버리고 감정을 조절할 수 있어요

준비 --

• 노래와 율동을 미리 연습해보세요.

놀이 순서 --

❶ 화가 났을 때 노래와 율동으로 기분을 바꿀 수 있는 방법이라고 알려주세요.

❷ 다 같이 노래에 맞춰 율동하면서 폴짝폴짝 뛰어봅니다.

❸ '화가 났을 때에는', '짜증 났을 때에는' 부분에서는 몸에 힘을 넣고 주먹을 꼭 쥐어요. '폴짝 폴짝 폴짝', '점프 점프 점프'에서는 제자리에서 힘차게 뛰어오르며 감정을

화가 났을 때~에는 폴짝 폴짝 폴짝　짜증 났을 때-에는 점프 점프 점프

마지막엔 천천히 심호흡　그러면 기분이 상쾌해지지

마음껏 발산해요. '마지막엔 천천히 심호흡'에서는 깊게 심호흡을 하고, '그러면 기분이 상쾌해지지'에서는 폴짝 뛰어오르며 양손을 뻗어요.

❹ 율동이 끝난 다음에는 기분이 어떻게 변했는지 친구들과 이야기 나눠봅니다.

   예　"폴짝폴짝 점프했더니 마음이 진정됐어요", "기분이 조금 좋아졌어요", "마음이 즐거워졌어요" 등

Tip　분노를 해소하는 방법

분노는 몸과 마음에 상처를 입었을 때 자신을 지키기 위해 일어나는 감정입니다. 하지만 분노를 잘못된 방법으로 표현하면 공격성이 높아질 수 있어요. 여기서 소개하는 노래와 율동은 분노의 불씨를 키우지 않고 잠재울 수 있는 감정 해소법입니다. 분노가 폭발하기 직전에 사용하면 매우 효과적이죠.

처음에는 재미있는 놀이처럼 노래와 율동을 가르쳐주세요. 이때 간단하게 가사에 대해 설명해주면 좋아요. 분노 에너지가 쌓일 때면 언제든지 폴짝폴짝 점프하면서 감정을 발산할 수 있도록 자주 불러보면서 몸에 익게 해주세요. '마음이 욱할 때, 가슴이 답답할 때'처럼 화가 난 장면을 표현하는 수식어를 아이와 함께 생각해보고, 각각의 상황에 맞는 점프 방법을 생각해보는 것도 재미있습니다. 분노의 감정을 다루는 만큼 기왕이면 즐겁게 감정을 발산할 수 있도록 아이와 다양한 방법을 만들어보세요.

놀이의 목적

✔ 화가 나거나 우울할 때 기분을 전환하는 방법을 배워요

준비 --

• 없음

놀이 순서 --

① 아이에게 얼굴 체조법을 설명해주세요.

후하 후하 얼굴 체조법

① 후하 후하 얼굴 체조 시작! 양손으로 입을 잡고
   코로 숨을 쉬세요! 숨을 들이마시면서 1, 2, 3, 4.
   숨을 내뱉으면서 5, 6, 7, 8.

② 한번 더 할게요. 숨을 들이마시면서 1, 2, 3, 4.
   숨을 내뱉으면서 5, 6, 7, 8.

③ 이번에는 양손으로 뺨을 감싸주세요. 감싼 채로 빙글빙글 돌립니다. 1, 2, 3, 4, 5, 6, 7, 8.

④ 자, 반대 방향으로 돌리세요. 1, 2, 3, 4, 5, 6, 7, 8.

⑤ 이번에는 코를 막고 입으로 숨을 쉬세요! 숨을 들이마시면서 1, 2, 3, 4. 숨을 내뱉으면서 5, 6, 7, 8.

⑥ 한번 더 할게요. 숨을 들이마시면서 1, 2, 3, 4. 숨을 내뱉으면서 5, 6, 7, 8.

⑦ 양손으로 관자놀이를 눌러주세요. 누른 채로 빙글빙글 돌립니다. 1, 2, 3, 4, 5, 6, 7, 8.

⑧ 자, 반대로 돌리세요. 1, 2, 3, 4, 5, 6, 7, 8.

⑨ 이번에는 코로 숨을 들이마시고, 입으로 숨을 내쉽니다. 코로 마시고 1, 2, 3, 4. 입으로 내쉬고 5, 6, 7, 8.

⑩ 한번 더 할게요. 코로 마시고 1, 2, 3, 4. 입으로 내쉬고 5, 6, 7, 8.

⑪ 양손으로 이마를 눌러주세요. 누른 채로 빙글빙글 돌립니다. 1, 2, 3, 4, 5, 6, 7, 8.

⑫ 반대 방향으로 돌리세요. 1, 2, 3, 4, 5, 6, 7, 8.

⑬ 마지막에는 2번, 양손을 양옆으로 펼치고 심호흡을 합니다. 숨을 들이마시면서 1, 2, 3, 4. 숨을 내뱉으면서 5, 6, 7, 8. (한번 더)

❷ "후하 후하 얼굴 체조 끝!" 하고 외치며 마무리합니다.

Tip **기분을 전환해주는 심호흡**

심호흡은 마음을 진정시키는 데 효과적이죠. 심호흡으로 뇌에 산소를 충분히 보내 혈액순환을 촉진시키고, 양손으로는 얼굴 마사지를 해서 굳은 얼굴 근육을 풀어줍니다. 숫자를 셀 때는 아이의 속도에 맞춰서 천천히 세주세요. 시작과 끝에는 "후하 후하 얼굴 체조 시작!(끝!)"처럼 힘차게 구호를 외치면 즐거운 마음으로 얼굴 체조를 할 수 있어요. 이 체조를 통해 심호흡이나 얼굴 마사지가 안 좋았던 기분을 사라지게 하는 데 도움이 된다는 사실을 알게 될 거예요.

놀이의 목적

✓ 심호흡을 하고 큰 소리로 웃으면 자연스럽게 기분이 좋아진다는 사실을 깨달아요

✓ 즐겁지 않을 때도 억지로 웃다 보면 기분이 좋아지는 것을 느껴요

준비 --

• 큰 소리를 낼 수 있는 장소

놀이 순서 --

1 아이와 함께 크게 심호흡을 해요.

심호흡 방법

① 먼저 몸속에 있는 공기를 모두 내뱉어요.

② 다 내뱉었다면 코로 숨을 크게 들이마셔요.

③ 이번에는 '후~'하면서 입으로 숨을 내뱉어요.

④ 위 과정을 반복해요.

② 심호흡을 한 다음에는 웃습니다. 큰 소리를 내거나 바닥을 치면서 웃어도 좋아요.

③ 아이와 즐거운 분위기를 만끽하세요.

Tip 웃음의 긍정적 효과

'웃으면 복이 온다'는 말 들어본 적 있으시죠? 이 말처럼 실제로 웃음은 인간에게 긍정적인 효과를 준다고 합니다. 웃으면 뇌가 활성화되고 혈액순환이 좋아지며 근력이 세지고 행복을 느낄 수 있어요.

이 놀이는 기분이 가라앉아 있을 때 부정적인 감정을 해소해줍니다. 웃을 때는 눈치 보지 말고 마음껏 웃을 수 있도록 해주세요. 배에 힘이 들어가도록 크게 웃어야 합니다. 먼저 크게 심호흡한 다음 배에 공기가 가득 찼을 때 가능한 큰 소리로 오랫동안 웃어보세요. 웃음소리가 목에서 나오는 것이 아니라 배에서 나와야 한다는 점도 알려주세요. 그래야 횡격막이 움직이면서 부교감신경을 자극시켜 스트레스가 해소되거든요.

처음에는 즐겁지 않아도 억지로 웃다 보면 진심으로 즐겁게 웃을 수 있어요. 아이가 이를 직접 느낄 수 있도록 해주세요. 아이들은 어른과 달라서 큰 거부감 없이 억지로 웃을 수 있답니다.

마음을 마사지해요

놀이의 목적

✔ 몸을 부드럽게 만지고 쓰다듬으면 기분이 편안해진다는 걸 깨달아요
✔ 스킨십을 통해 언어가 아닌 몸과 마음의 커뮤니케이션을 배워요

준비 --

- 돗자리, 매트, 카펫 등
- 아이가 엄마의 무릎에 앉거나 누워서 뒹굴 수 있는 장소

놀이 순서 --

❶ 기분이 안 좋아 보이는 아이를 불러서 몸
   과 마음에 마사지를 해주세요.

❷ 아이를 엄마의 무릎에 앉혀 느긋하게 말을
   걸면서 어깨와 등, 무릎 등을 부드럽게 쓰
   다듬어주세요.

③ 아이의 기분이 조금 풀어지면 "마음 마사지 가게에 오신 걸 환영합니다"라고 말하면서 아이를 눕힙니다.

④ 아이의 머리, 어깨에서 손가락과 손바닥까지, 허벅지에서 발가락까지 천천히 쓰다듬어 주세요.

⑤ 아이를 엎드리게 하고 머리, 어깨에서 등, 엉덩이, 허버지에서 발뒤꿈치까지 천천히 쓰다 듬어주세요.

⑥ 아이에게 기분을 캐묻지 말고 스킨십에 집중하면서 마사지해주세요.

Tip   **마음을 보듬어주는 스킨십**

피부가 서로 맞닿는 스킨십은 마음을 안정시키는 데 효과적입니다. 아이가 기분이 좋지 않아 보인다면 살짝 다가가서 끌어안아보세요. 엄마의 따뜻한 마음이 아이에게 고스란히 전달될 거예요.

이 놀이는 단순한 스킨십이 아니라, 언어를 뛰어넘어 소통하는 시간에 중점을 두고 있습니다. 그렇기 때문에 엄마가 다른 일을 하면서 동시에 아이에게 마사지를 해서는 안 됩니다. 예를 들면 다른 사람과 대화하거나 마사지 도중에 "잠깐만 기다려줘" 하면서 다른 일을 하지 말아주세요. 단 몇 분이라도 좋으니 마사지 시간에는 스킨십에만 집중해주세요. 바빠서 시간을 내기 어렵다면 아이가 잠든 시간을 이용해도 좋습니다. 마사지를 받으며 잠이 든 아이는 상쾌한 기분으로 깨어날 거예요.

분노를 팡팡

놀이의 목적

✔ 답답했던 마음이 시원해져요

✔ 기분을 유쾌하고 즐겁게 바꿀 수 있어요

준비

- 종이, 색연필이나 크레파스, 비닐봉지, 테이프
- 안전하게 뛰어놀 수 있는 장소

놀이 순서

1 종이에 화가 난 일을 적거나 그림을 그려요.

2 적은 종이를 갈기갈기 찢은 다음 비닐봉지에
넣고 공기를 채워 묶습니다.

③ 비닐봉지 밑에 튀어나온 부분을 접고 테이프로 고정해서 동그란 공 모양으로 만들어주세요.

④ 넓은 장소로 이동해서 비닐봉지를 던지고 팡팡 튀기면서 놀아요.

⑤ 한껏 감정을 발산하며 놀이를 즐겼다면 지금 기분을 묻고 답하며 서로 공감해보세요.

Tip **분노의 시각화**

분노는 느낄 수는 있어도 형태를 볼 수 없기 때문에 마음에서 떨쳐내기가 쉽지 않습니다. 이 놀이에서는 화가 난 일을 그리거나 적어보면서 분노를 시각화하여 아이가 감정을 눈으로 볼 수 있도록 도와줍니다. 아이가 종이를 찢을 때 분노의 감정도 함께 떨쳐내는 상상을 할 수 있도록 말을 건네주세요. 나아가 불쾌한 기분을 즐거운 자극으로 잊어버릴 수 있도록 비닐봉지를 공처럼 만들어서 튀기는 신나는 놀이로 감정을 해소해주세요.

비닐봉지 밑에 튀어나온 부분을 접어 붙이면 튀기며 놀기 적당한 모양으로 바뀝니다. 시간을 내서 아이와 재미있게 놀이해보세요. 봉지 공을 만드는 곳과 노는 곳은 분리해서 안전하게 놀 수 있도록 합니다.

감정을 발산하며 충분히 논 다음에는 이야기를 나눠보세요. 화가 난 일을 그린 종이를 찢었을 때는 어떤 기분이었는지, 노 신나게 놀이한 후인 지금 기분은 어떤지 묻고 대답해보는 시간을 가져주세요. 이러한 놀이를 통해 분노의 감정을 해소할 수 있다는 사실을 직접 느끼게 됩니다.

둥글게 둥글게 색칠해요

놀이의 목적

✔ 분노나 우울한 감정에서 벗어날 수 있어요

준비

- 도화지
- 파스텔 가루(파스텔을 갈아서 미리 만들어두세요.)
- 신문지
- 종이 접시
- 테이프
- 수건이나 물티슈

놀이 순서

① 신문지를 펼치고 그 위에 도화지를 올린 다음 테이프로 고정합니다.

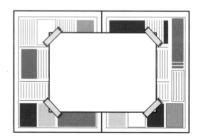

② 좋아하는 색깔의 파스텔 가루를 2가지 골라, 각각 종이 접시에 담아요.

③ 손바닥에 파스텔 가루를 묻힌 다음 도화지 위에 동그라미를 그리듯이 양손으로 쓱쓱 문질러요.

④ 자동차 와이퍼처럼 좌우로 손을 움직이지 말고 동그라미를 그리듯이 빙글빙글 돌려주면서 남김없이 색을 칠합니다.

⑤ 2가지 색을 모두 사용하여 자유롭게 도화지를 색칠했다면 완성입니다.

Tip 컬러 테라피

좋아하는 색깔을 사용해서 손바닥으로 쓱쓱 문지르며 도화지에 색을 칠하는 행동은 아이에게 기분 좋은 자극이 돼요. 특히 기분이 나쁘거나 마음이 답답할 때 그러한 감정을 싹 씻어낼 수 있죠.

색은 에너지를 지니고 있습니다. 특히 자기가 좋아하는 색은 그 사람에게 긍정적인 기운을 불어넣어주고 상처 난 마음을 치유해줍니다. 이 놀이는 색이 가진 그 힘을 빌려서 우울한 감정을 씻어낼 수 있도록 도와줍니다.

파스텔 가루는 파스텔을 체에 갈아서 간단하게 만들 수 있어요. 작은 병에 담아 보관해두면 필요할 때마다 편리하게 사용할 수 있죠. 빨, 주, 노, 초, 파, 남, 보를 기본으로 10~15가지 정도의 색을 준비해주세요. 여러 가지 색깔을 섞으면 색이 탁해지기 때문에 2개만 골라서 사용합니다.

아이에게 '동그란 내 마음'을 떠올리며 양손을 부드럽게 문지르도록 알려주세요. 힘을 너무 주면서 칠하기보다 살살 무느럽게 손을 움직이는 편이 마음을 진정시키는 데 효과적입니다. 도화지를 테이프로 고정해두면 움직이지 않아서 활동에 집중할 수 있어요. 작품을 만드느라 더러워진 손을 닦을 수 있도록 수건이나 물티슈를 준비해두세요.

도와줘요, SOS맨

놀이의 목적

✔ 억울하거나 곤란할 때, 슬플 때나 아플 때, 지치고 답답할 때 감정을 전환하는 방법을
배워요

✔ 부정적인 감정을 싹 날려주는 캐릭터를 떠올리며 힘을 내요

✔ 상상력을 키워가며 스스로 마음을 조절해요

준비

• SOS맨 활동지(부록 161쪽 참고)
• 색연필, 연필

놀이 순서

① 아이에게 SOS맨에 대해 설명해주세요.

SOS맨의 종류

• SOS맨 레드: 억울한 일을 당했을 때 다시 힘을
낼 수 있는 에너지를 줘요.

• SOS맨 오렌지: 곤란한 상황에 빠졌을 때 도움을
요청할 수 있는 에너지를 줘요.

- SOS맨 옐로: 슬플 때 재미있는 일을 떠올릴 수 있는 에너지를 줘요.

- SOS맨 그린: 아플 때 자신을 다정하게 위로해주는 에너지를 줘요.

- SOS맨 블루: 모를 때 질문할 수 있는 용기를 주는 에너지를 줘요.

- SOS맨 퍼플: 지쳤을 때 몸과 마음을 쉬게 해주는 치유의 에너지를 줘요.

2 SOS맨 활동시를 색칠해요.

3 색칠이 끝난 후에는 아이와 함께 SOS맨에 대해 이야기를 나눠봅니다. 아이에게 상황에 따라 어떤 SOS맨을 떠올리면 좋을지 질문해보세요.

　(예) "만약에 길에서 넘어지면 어떤 SOS맨에게 도움을 요청하면 좋을까?"

Tip　　**힘이 들 때 도와주는 든든한 친구**

상상력이 풍부한 아이이기에 할 수 있는 놀이입니다. 마음이 다쳤을 때 머릿속으로 자신을 도와주는 SOS맨의 모습을 떠올릴 수 있다면 아이는 힘든 상황을 극복할 수 있을 거예요. 자유롭게 색을 칠해보면서 자신만의 영웅을 만들 수도 있죠. 아이가 캐릭터를 구체적으로 떠올릴 수 있다면 마음속의 SOS맨이라는 존재가 기분을 전환해주는 놀라운 계기가 되기도 합니다.

　활동 후에는 부정적인 감정이 생기는 상황을 제시해주고 이때 떠오르는 SOS맨의 모습에 대해서 이야기 나눠보세요. 만약 SOS맨이 자신에게 에너지를 나눠준다면 기분이 어떨지, 다시 힘을 낼 수 있을지도 함께 이야기해보세요. 각각의 SOS맨이 지닌 필살기를 상상해보면서 SOS맨 놀이를 해도 좋습니다.

48

나만의 힐링 요술 램프

놀이의 목적

✔ 마음을 위로하는 방법을 미리 생각해두면 슬플 때 빨리 기분을 전환할 수 있어요

준비

• 힐링 요술 램프 활동지(부록 162쪽 참고)

놀이 순서

① 활동지를 1장씩 나눠주세요.

② '맛있는 힐링 램프'에는 먹으면 기분이 좋아
지는 음식을 적거나 그립니다.

③ '편안한 힐링 램프'에는 내 마음을 편안하게 해주는 사람의 이름을 적거나 모습을 그려요.

④ '아끼는 힐링 램프'에는 내가 아끼는 물건을 적거나 그립니다.

⑤ 램프를 색칠해서 완성해요.

Tip **나만의 힐링 아이템을 생각해보는 시간**

슬픈 감정을 스스로 조절하고 위로하기 위한 활동입니다. 각각의 힐링 램프에는 음식, 좋아하는 사람, 아끼는 물건 등의 주제가 있어요. 글로 써도 좋고, 그림을 그려도 좋습니다. 다만, 자신의 기분을 전환해줄 수 있는 아이템, 즉 떠올렸을 때 자신을 위로해주는 것을 적어야 해요.

　아이에게 맛있는 음식을 먹거나 좋아하는 사람이 안아주거나, 아끼는 장난감을 가지고 놀다 보면 속상한 마음이 사그라진다는 점을 알려주세요. 어떨 때 슬픈 감정이 드는지 구체적인 예를 들어서 아이가 그때 필요한 아이템이 무엇인지 떠올릴 수 있도록 도와주면 좋습니다. 실제로 마음이 힘들거나 지칠 때 기분을 전환해주는 아이템을 사용할 수 있도록 평소에 힐링 램프에 대한 이야기를 자주 나눠보세요. 활동지를 완성한 후에는 아이템을 선택한 이유에 대해 물어보세요.

　힐링 램프는 슬플 때 자신의 마음을 따뜻하게 밝혀주는 나만의 램프입니다. 다른 가족들에게도 적은 내용을 알려서 아이가 밝고 건강하게 자랄 수 있도록 도와주세요. 내 아이의 힐링 램프에 대해 알고 있으면 아이를 돌보기도 훨씬 수월해집니다.

나만의 힐링 TV 리모컨

놀이의 목적

✔ 마음이 우울하거나 화가 났을 때 기분을 전환할 수 있어요

✔ 자신의 기분에 대처하는 방법을 배워요

✔ 스스로 감정을 조절할 수 있어요

준비

- 나만의 힐링 TV 리모컨 활동지(부록 163쪽 참고)
- 색연필, 연필

놀이 순서

❶ 활동지를 1장씩 나눠주세요.

❷ '힐링 TV 채널' 3개에 좋아하는 색을 칠합니다.

❸ 우울하거나 화가 났을 때 기분을 달래주는 아이템 3가지를 생각해서 각 채널에 적어요.

④ 자신이 선택한 아이템에 대해 발표해요.

⑤ 활동지를 벽에 붙여서 다른 가족들에게
보여주세요.

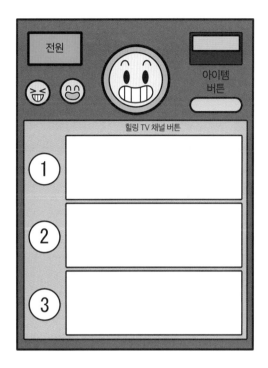

Tip **TV 채널을 바꾸듯 마음을 바꿀 수 있다면**

부정적인 감정에 사로잡혀 있을 때 기분을 전환하는 법을 찾는 활동입니다. 리모컨으로 TV 채널을 바꾸면 화면이 바
뀌듯이 자신이 생각한 '힐링 채널' 속 아이템으로 자신의 기분을 바꾸는 것이죠. 각 채널에 색을 칠해두면 활동지를 갖
고 있지 않을 때도 아이템의 이미지를 떠올리기 쉬워요.

활동지를 작성하는 과정을 통해 아이는 자신의 감정을 마
주하고 이해한 뒤 대처법을 생각하게 됩니다. 부정적인 감
정을 무조건 나쁘게 생각하기보다는 이러한 감정에 어떻게
대처하는지가 더 중요하다는 것을 알려주세요. 부정적인 감
정에 사로잡혀 있을 때 실수하거나 나중에 후회하지 않도록
미리 활동지를 작성하면서 연습해보는 것이라고 알려주면
좋겠죠.

다 같이 모여서 자신의 대처 아이템에 대해 이야기 나누
면 서로의 생각을 알 수 있고, 다른 사람의 생각을 참고할 수
도 있습니다. 또 벽에 붙여서 다른 가족들과 공유하면 감정
소통에 큰 도움이 될 거예요.

50

해결사 출동

놀이의 목적

✔ 부정적인 경험을 친구에게 말해서 감정을 공유하고 이해받아요

✔ 문제를 해결하는 방법을 친구와 함께 생각해내요

준비

• 놀이판(131쪽 그림을 참고로 4절 도화지에 둘레를 따라 36개의 네모 칸을 그린 다음 시작 지점을 표시해요.)
• 바둑알
• 주사위
• 놀이용 말
• 연필
• 여러 가지 색깔의 접착식 메모지(글씨를 써넣을 수 있을 정도의 크기)

놀이 순서

① 3~4명 정도 동그랗게 모여 앉습니다. 각각 1가지 색깔의 접착식 메모지를 5장씩 받아요. 1장에 하나씩 기분 나빴던 일, 고민되는 일, 문제점 등에 대해 적습니다.

② 1명당 바둑알을 5개씩 받고 순서를 정한 뒤 놀이를 시작합니다.

③ 첫 번째 사람이 주사위를 던져 나온 수만큼 말을 움직여요. 도착한 자리에 바둑알을 올리고 자신이 쓴 메모지 중 1장을 붙입니다.

④ 바둑알과 메모지가 다 떨어질 때까지 같은 방식으로 놀이를 진행해요. 바둑알과 메모지를 모두 썼다면 그 상태로 말만 움직입니다.

⑤ 주사위를 던져 말이 멈춘 자리에 다른 사람의 메모지가 붙어 있으면 내용을 읽은 다음, 문제를 해결할 방법을 생각해봅니다. 메모지를 붙인 사람이 좋은 방법이라고 인정해주면 그곳에 있던 바둑알을 1개 얻습니다.

⑥ 모든 메모지가 사라지고 문제가 해결되면 놀이가 끝나요. 바둑알을 가장 많이 가지고 있는 사람이 승리입니다.

Tip **힘을 합쳐 문제를 해결한다**

놀이를 시작하기 전에 기분 나빴던 일이나 고민스러운 일에 대해 미리 적어두면 편리해요. 아이에게 친구의 문제점이나 고민을 어떻게 해결하면 좋을지에 대해 자세히 설명해주세요. 예를 들어 "넘어졌는데 피가 난다 → 엄마에게 말해서 소독을 한다", "줄넘기가 너무 어렵다 → 잘하는 친구에게 배운다"처럼 상황별로 설명해주면 아이가 이해하기 쉽습니다. 문제 상황은 자신이 어렵다고 느끼거나 속상하고 고민되는 일이고, 해결 방법은 그 문제를 겪고 있는 사람이 어떻게 행동하면 좋을지 제안해주는 것입니다. 해결 방법을 제시했을 때 당사자가 납득이 되지 않거나 어렵다고 느끼면 바둑알을 받을 수 없어요. 메모지도 그대로 붙여두고 다음에 그 자리에 멈춘 사람이 새로운 해결방법을 제시해야 합니다.

평소 아이에게 "이런 경우에는 어떻게 해결하면 좋을까?"처럼 질문해 문제가 닥쳤을 때 스스로 해결해나가는 긍정적인 사고방식을 기를 수 있도록 도와주세요.

어른을 위한 감정 놀이 10

감정 이해 놀이
감정 표현 놀이
감정 해소 놀이

육아에서 비롯된 스트레스 말고도
엄마는 다양한 인간관계 속에서 많은 감정의 변화를 겪습니다.
내 감정 상태를 잘 알고 있어야
아이의 감정 상태도 잘 알아차릴 수 있지 않을까요?
좋은 부모가 되고 싶다면
먼저 자신의 내면의 소리에 귀 기울여주세요.

함께 아이를 돌보는 사람들과 함께
'마음의 균형'을 찾아보세요.

감정 탱크를 채워라

놀이의 목적

✔ 감정 어휘를 배워요
✔ 다양한 입장과 상황에 따른 감정에 대해 생각해봐요

준비

• 감정 탱크를 채워라 활동지(부록164쪽 참고)

놀이 순서

❶ 활동지를 1장씩 나눠 가져요.

❷ 그림 속 괄호 안에 주제어를 써넣어요.

　예 (　　) 감정 탱크 → 긍정적인, 부정적인, 선생
　님의, 아이의, 부모님의 등

❸ 주제에 맞는 감정 어휘를 탱크 안에 써넣어요.

'긍정적인, 부정적인, 선생님의, 아이의, 부모님의'와 같은 주제어를 쓰세요

④ 각자 쓴 감정 어휘를 발표해요. 자신이 적지 않은 감정 어휘가 나오면 활동지에 추가합니다.

⑤ 활동지와 주제어를 바꿔가며 다양한 감정 어휘를 적어보세요.

Tip **아는 것이 힘**

아이에게 감정 교육을 하려면 누구보다 엄마가 감정 어휘를 많이 알고 있어야겠죠? 연료통 안에 연료가 있어야 차가 굴러갈 수 있는 것처럼 감정 탱크안에 감정 어휘라는 연료를 가득 채워보세요. 이 활동은 주제어를 정하고 그에 맞는 감정 어휘를 생각해보는 놀이입니다.

처음에는 긍정적 혹은 부정적인 감정부터 시작하면 쉽습니다. 어휘량이 조금씩 늘면 주제를 어렵게 바꿔서 선생님, 아이, 부모님의 입장에 서서 감정 어휘를 생각해보세요. 이때 막연하게 생각하면 쓰기 어려우니 특정 상황을 상상하면 쉽습니다. 예를 들면 '아이가 계단에서 미끄러져 다쳤다', '등원 시간이 30분이나 지났는데 아이가 늦장을 부린다', '아이가 어린이집에 가기 싫어한다'처럼 평소에 맞닥뜨릴 수 있는 부정적인 상황을 설정해서 생각해보세요. 이와 마찬가지로 '아이가 줄넘기에 성공했다', '싫어하던 당근을 잘 먹게 되었다'처럼 긍정적인 감정을 불러일으키는 상황도 설정해보세요.

다양한 상황과 입장에 따라 사람들은 제각기 다른 감성을 마음속에 품고 있다는 사실을 재확인할 수 있습니다. 엄마들과 모여 자신이 쓴 감정 어휘와 이유에 대해 이야기 나누다 보면 서로에 대한 이해도도 높아질 거예요.

감정 어휘를 많이 알아두세요!

52

감정 이해 놀이

소원을 들어주는 행복 열차

놀이의 목적

✔ 자신의 진심을 마주할 수 있어요

준비

• 공

놀이 순서

❶ 다 같이 동그랗게 모여 서거나 앉으세요.

❷ 동요 <기찻길 옆>을 부르며 공을 시계 방향으로
전달합니다.

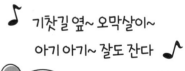

🎵 기찻길 옆~ 오막살이~
아기 아기~ 잘도 잔다 🎵

❸ 노래가 끝날 때 공을 전달받은 사람은 그동안 하고 싶었지만 하지 못했던 말을 하세요.

　　㉠ "날씬해지고 싶어요!", "나만의 시간을 많이 갖고 싶어요", "사실은 여러분이 정말 좋아요" 등

❹ 나머지 사람들은 용기를 주는 말로 상대방을 응원해주세요.

❺ 모든 사람이 충분히 자신의 속마음을 고백했다면 놀이를 마무리합니다.

Tip **나의 바람과 대면하기**

동그란 공을 행복 열차라고 상상하면서 노래에 맞춰 돌립니다. 노래가 끝날 때 열차는 행복해지길 원하는 사람의 손에 도착할 거예요. 열차가 정착한 지점의 사람은 내 안에 있는 진짜 바람을 솔직하게 고백합니다. 이 놀이는 누구나 갖고 있는 '~라면 행복할 텐데'라는 소원을 떠올려보고 이를 말로 표현하는 놀이입니다. 돈, 인간관계, 건강, 일 등 어떤 소원을 말해도 상관없지만 다른 사람을 비웃거나 조롱하는 말은 삼가주세요. 다른 사람을 기분 나쁘게 하는 말만 아니라면 어떤 소원이든 떠오르는 대로 고백해도 좋습니다.

말에는 기운이 있다고 하죠? 부정적인 말보다는 긍정적인 말을 해야 좋은 에너지를 얻을 수 있습니다. 행복해진 나의 모습을 상상하면서 바람과 욕구를 말하면 이를 이루기 위해 더 열심히 노력하게 됩니다. 특히 많은 사람 앞에서 털어놓으면 응원과 도움도 받을 수 있죠.

물론, 사람들 앞에서 자신의 바람을 말하기가 어려운 사람도 있을 거예요. 이럴 때는 목소리를 더 높여서 즐겁게 노래를 불러보세요. 노래를 부르면 '행복 호르몬'이 분비되어서 마음이 열리고 내 안에 있는 생각이나 감정을 차분하게 정리할 수 있다고 합니다. 즐겁게 노래 부르면서 자신의 진심과 마주해보세요.

놀이의 목적

✔ 감정 수용력을 높여요

✔ 분위기를 파악하고 감정을 이해하는 훈련을 해요

✔ 상대방의 감정을 파악하고 이에 맞게 대화할 수 있어요

✔ 감정 소통 기술을 익혀요

준비 --

• 없음

놀이 순서 --------------------------------

① 2개 팀으로 나눠서 한 팀은 문제를 내고, 나머지 팀은 답을 맞힙니다.

② 문제를 내는 팀은 어떤 상황을 문제로 낼지 상의하세요.

　예 시어머니가 며느리에게 불만을 말하는 상황

❸ 상황을 결정했다면 문제를 내는 팀은 각각 역할을 정해서 상황극을 연기합니다.

❹ 답을 맞히는 팀은 상황극을 보고 당사자는 어떤 기분일지, 또 어떻게 대응하면 좋을지 상의해봐요.

❺ 답을 맞히는 팀의 1명이 대표로 상황극에 참여해서 분위기에 적합한 말을 하거나 대처 방법을 연기합니다.

> 예) 잔소리를 들으면 스트레스가 많이 쌓이죠. 기분이 안 좋겠어요. 우리 이 문제를 어떻게 처리하면 좋을지 같이 방법을 찾아봐요.

❻ 다 같이 모여 서로의 생각을 공유해보세요.

Tip 눈치 백 단 되는 법

분위기를 잘 파악할 줄 알면 상대방을 먼저 배려할 수 있고, 상황에 맞게 대처할 수 있어서 큰 도움이 됩니다. 흔히 분위기 파악을 잘하지 못하는 사람을 눈치 없다고 말하는데 상황극 놀이를 통해 '눈치 백 단'이 되어봅시다.

답을 맞히는 팀은 퀴즈를 풀듯 팀원끼리 협력해서 상황극의 분위기와 당사자의 기분을 읽어내고 여기에 딱 맞는 말이나 대처법을 생각해봅니다. 문제를 내는 팀은 기분이나 감정을 직접적으로 표현하지 말고 상황만으로 분위기를 연출해내야 해요. 문제 상황은 '아이가 친구와 싸웠을 때 엄마의 마음, 회사에서 실수를 저지른 남편에게 말을 거는 부인의 마음' 등 자유롭게 생각해서 설정해보세요. 몸짓, 표정, 실제로 주고받을 법한 대화 등 다양한 방법으로 상황을 표현할 수 있어요. 팀원들끼리 상의해서 각자의 역할을 정해보세요.

상황극 연기가 끝나면 답을 맞히는 팀은 문제를 낸 팀이 어떤 감정을 연기했는지 생각해보고 이에 맞는 대처법을 상의해보세요. 정답은 여러 가지입니다. 마지막에는 다 같이 모여서 서로의 생각이나 느낌, 아이디어를 공유해보세요. 감정 소통의 시야가 넓어집니다.

천사 vs 악마

> **놀이의 목적**
>
> ✔ 감정 조절을 연습해요

준비

- 화이트보드
- 보드 마커

놀이 순서

① 화이트보드에 문제 상황을 적어요.

　예） 경수가 또 친구와 다투고 있다, 아침에
　　　일어났는데 몸 상태가 안 좋다, 재활용
　　　쓰레기를 분리해야 한다 등

② 3명이 1팀이 됩니다.

③ 주인공 역과 천사 역, 악마 역을 누가 할지 정해요.

④ 천사 역을 맡은 사람과 악마 역을 맡은 사람 사이에 주인공 역을 맡은 사람이 앉아요.

⑤ 천사와 악마 역을 맡은 사람은 문제 상황에 맞춰 각각의 입장에 맞는 감정과 욕구, 바람을 상상해서 말합니다.

⑥ 주인공 역을 맡은 사람은 양쪽의 이야기를 들은 후, 자신의 마음을 움직인 것은 어느 쪽인지 이유와 함께 설명해요.

> **Tip** **감정에 따른 행동 조절**
>
> 천사와 악마 역을 맡은 사람은 역할에 몰입해서 재미있게 놀이를 즐겨주세요. 놀이를 시작하기 전에 어떤 문제를 낼지 다 같이 의견을 모아도 재미있어요.
>
> 우리 마음 안에는 '열심히 노력해야 해'라는 생각과 '귀찮아서 하기 싫다'는 생각이 공존하기 마련입니다. 우리는 이러한 상반된 감정을 조절하고 통제하면서 행동하고 있는 것이죠. 내 안에 있는 극과 극의 마음을 천사와 악마의 입을 통해 대신 들어보면 자신의 마음을 한 발짝 떨어져서 객관적으로 살펴보게 됩니다.
>
> 천사 역을 맡은 사람은 "너라면 할 수 있어", "서로 양보하고 배려해야지", "몸이 좋지 않아도 내 일은 내가 해야지"처럼 힘을 북돋우고 용기를 주는 대사를 말해야 합니다. 반대로 악마 역을 맡은 사람은 "꼭 오늘 안에 해야 해?", "또 싸우네, 짜증나", "오늘은 그냥 쉬자"와 같이 힘이 빠지고 자신감을 잃게 만드는 말을 해주세요. 주인공 역을 맡은 사람은 눈을 감고 자신의 마음 안에서 일어나는 천사와 악마의 대화를 가만히 들은 후 누구의 말이 자신의 마음을 움직였는지 솔직하게 대답합니다. 그리고 만약 실제로 이와 같은 상황이 벌어진다면 자신은 어떻게 행동할지 말해주세요. 이와 같은 활동은 자신의 감정과 행동을 조절하는 훈련이 됩니다.

55

그래, 그랬구나

놀이의 목적

✔ 감정 수용력을 높여요

✔ 아이의 감정을 이해하는 훈련을 해요

✔ 감정을 수용해줄 때의 뿌듯함을 느껴요

준비

- 없음

놀이 순서

① 3~4명이 같은 팀이 됩니다. 그중 1명이 떼를 부리는 아이 역할을 맡습니다.

② 떼를 부리는 아이의 특징에 대해 상의해서 글로 정리해요.

③ 역할극을 시작합니다. 아이 역을 맡은 사람은 설정한 아이의 특징에 맞게 떼를 부리는 모습을 연기하세요.

구체적으로 쓰면 상상하기 쉬워요

아이의 특징
· 외동 · 피망을 싫어함
· 바깥 놀이를 좋아함
· 화가 나면 손부터 나감
· 기다리지를 못함
· 딛고 일어나는 데 시간이 오래 걸림
· 늘 1등을 하고 싶어함

④ 나머지 사람들은 "~가 싫은가 보구나", "지금 기분이 이렇구나"처럼 돌아가며 아이의 마음을 받아들여줍니다.

⑤ 역할극이 끝나면 다 같이 모여 이야기를 나눕니다.

Tip ▶ **아이의 마음을 헤아려본다**

역할극에 등장하는 아이는 소위 말해서 손이 많이 가는 아이입니다. 고집이 세서 주변 사람을 힘들게 하거나 자기 마음대로 되지 않으면 짜증부터 부리는 특징을 가졌죠. 어느 곳에나 있을 법한 캐릭터예요.

하지만 떼를 부리는 아이에게도 나름의 이유와 감정이 있습니다. 이를 말로 잘 전달하지 못해서 그러한 행동으로 표현하는 것이죠. 즉, 누군가 자신의 마음을 이해하려고 노력하거나 감정을 받아들여준다면 떼를 부릴 필요가 없어진다는 뜻이기도 합니다.

아이 역을 맡은 사람은 떼 부리는 아이의 마음이 되어서 연기에 몰입해주세요. 자신의 마음을 잘 전달하지 못해서 답답하고 화나는 감정을 표현하면 됩니다. 그리고 엄마역을 맡은 사람은 아이의 이러한 마음을 그대로 받아들여주세요. 아무리 불합리한 상황이더라도 일단은 수용해줍니다. 아이의 불평불만이 항상 정당하다고 볼 수 없기 때문에 아이의 말을 긍정해주지는 말고, 그저 아이의 마음을 있는 그대로 받아들여주면 됩니다. 역할극이 끝나면 아이 역을 맡은 사람은 다른 사람이 자신의 마음을 이해하고 받아들여줬을 때 어떤 기분이 들었는지 말해주세요. 또 엄마 역을 맡은 사람은 아이의 마음을 받아들여줬을 때 어떤 감정이였는지 알려주면서 서로 이야기를 나눠보세요.

역할극에서 느낀 점을 기억해서 실제 아이를 돌볼 때도 꼭 활용해보세요.

그래, 그랬구나

일단 받아들이자

현명한 불만 표현

놀이의 목적

✔ 감정 수용력을 높여요

✔ 감정을 이해하는 훈련을 해요

✔ 불평불만을 효과적으로 표현하는 법을 배워요

✔ 감정을 받아들여 줬을 때의 뿌듯함을 느껴요

준비 --

• 없음

놀이 순서 --

❶ 학부모와 어린이집 선생님 역할을 1명씩 맡습니다.

❷ 어떤 문제 상황을 연기할지 상의해서 결정해요.

❸ 모두 앞에서 문제 상황을 연기합니다.

④ 학부모 역할을 맡은 사람은 어린이집 선생님 역할을 맡은 사람에게 불만을 토로하며 부정적인 감정을 표현해요. 불만을 말하면서 원하는 결과를 얻어낼 수 있도록 말하세요.

⑤ 어린이집 선생님 역할을 맡은 사람은 학부모 역할 맡은 사람의 감정을 이해하고 받아들여주면서 대응합니다. 역할을 바꿔 반대로 해보세요.

⑥ 역할극이 끝나면 극을 지켜본 사람들과 다 같이 모여서 각자의 감상을 이야기 나눠요.

Tip **입장 바꿔 생각해보기**

우리가 불평을 하는 이유는 불만 상태로 인해 발생하는 좌절, 분노, 짜증을 몰아내고 싶기 때문입니다. 불평을 통해 마음이 후련해지는 진정한 위안을 얻으려면 상대방이 내 상황을 '이해했다'는 느낌을 받아야 합니다. 이는 불평을 들어주는 사람이 나의 감정을 얼마나 정확히 이해하고 나의 곤경에 대해 얼마나 진심 어린 공감을 표현하느냐에 달려 있어요.

감정 분출만을 위한 불평은 사람들과의 관계를 악화시키지만, 효과적인 불평은 원하는 변화를 가져오게 할 수 있습니다. 불만스러운 점에 대해 발언하고, 발언으로 인해 그 불만이 해결되면 우리는 스스로를 적극적이고 당당한 사람이라 여기게 되고, 결과적으로 자존감이 높아지게 됩니다. 또 이러한 불평불만을 잘 들어주고 해결해준 사람 역시 자존감이 높아지게 되지요.

학부모 역과 선생님 역을 맡은 사람은 각자의 입장에 서서 진지하게 연기해주세요. 학부모 역할을 맡은 사람은 선생님의 대응에 마음이 진정된다면 더 이상 불만을 제기하지 않아도 됩니다. 선생님 역을 맡은 사람은 학부모의 이야기를 유심히 들으면서 지금 어떤 마음으로 고충을 털어놓고 있는지, 자신이 어떻게 해주기를 바라는지를 파악하기 위해 노력합니다. 학부모의 모든 바람을 다 들어줄 수는 없겠지만 현재의 부정적인 감정을 되도록 수용해주고, 할 수 있는 범위 안에서 개선책을 마련해서 전달해주세요. 그리고 서로 입장을 바꿔서 역할극을 해봅니다. 문제 상황이 수습되면 다 같이 모여서 감상을 나누고 서로 조언을 해줍니다. 이러한 과정을 통해 서로의 입장을 이해하게 될 거예요.

PART 2   하루 10분 놀면서 배우는 마음 표현 엄마표 감정 놀이   **145**

감정 표현 놀이

57

칭찬해주세요

준비

- 메모지
- 필기도구
- 뽑기용 번호 종이

놀이 순서

① 메모지마다 번호를 기입해둡니다.

　예 인원이 10명이면 메모지 10장을 준비해서
　　 모서리 부분에 번호를 하나씩 적으세요.

② 번호가 적힌 메모지를 1장씩 나눠 갖습니다.

인원수만큼
준비해주세요!

146

❷ 다른 사람에게 자랑하고 싶거나 칭찬받고 싶은 일을 메모지에 하나씩 적어요.

❹ 2명이 같은 팀이 되어서 1인당 1분씩, 자신이 적은 내용을 상대방에게 알려줍니다.

❺ 번호 뽑기를 해서 당첨된 번호를 가지고 있는 팀은 앞으로 나옵니다.

❻ 당첨된 번호의 메모지 속 내용을 본인이 아닌,
같은 팀의 짝꿍이 발표합니다.

> ⑩ 경수 엄마는 요리를 참 잘해요. 아이들이 경수네 집에 갈 때면 떡볶이를 먹고 싶다고 요청이 자주 들어온대요. 지난번에는 쿠키를 구워 왔는데 달지 않고 담백하니 손이 자꾸 가더라고요. 저는 이런 경수 엄마가 참 부러워요.

Tip 　**나 자신이여 힘내라!**

매일같이 열심히 아이를 돌보는 자신을 위한 응원의 메시지를 보내는 놀이입니다. 엄마가 자신의 노력이나 자랑스러운 경험을 당당하게 발표하고 다른 사람들에게 인정받는 시간이 있다면 아이를 돌보는 일에 대한 의욕이 올라갑니다.

　먼저 2명이 팀이 됐을 때는 스스로 자신의 장점이나 노력한 일을 마음껏 자랑합니다. 그다음에는 그저 상대방에게 자신의 이야기를 맡기면 됩니다. 많은 사람 앞에서 자기 자랑을 하기는 쑥스럽지만 다른 사람을 칭찬하는 건 쉬우니까요.

　번호를 뽑는 방식은 종이를 상자에 넣어두거나 공에 번호를 적어 넣는 등 다양한 방법을 활용해보세요.

의욕이 쑥쑥

놀이의 목적

✔ 의욕이 올라가요

✔ 목표를 달성하기 위해 어떻게 행동해야 할지 스스로 결정해요

✔ 성취감을 느껴요

준비

• 의욕이 쑥쑥 활동지(부록 165쪽 참고)

• 필기도구

놀이 순서

1 활동지를 1장씩 나눠 가져요.

2 빈칸을 채웁니다.

   • 나의 목표

   • 달성 일시

   • 목표를 이루고 싶은 이유

   • 목표 달성을 위한 구체적인 방법 및 행동

③ 다 작성하면 활동지에 적은 내용을 발표 합니다.

④ 다른 사람들에게 추천할 만한 방법이나 조언을 들어보고 활동지에 추가해요.

⑤ 목표로 정한 일에 대해 현재 어느 정도 의 욕이 있는지 표시하고, 달성했을 때의 기 분을 예상하여 적어봅니다.

계획을 세웠으면 반드시 실천한다

의욕을 올려주는 나만의 계획표를 보고서처럼 작성해보세요. '나의 목표'에는 내가 바라는 나의 이상적인 모습이나 성공하고 싶은 일 등을 적습니다. 꼭 일이나 육아와 관련된 내용일 필요는 없습니다. 문장은 '~가 되고 싶다', '~을 하 겠다', '~을 성공하겠다'처럼 단호하게 써주세요. 그리고 반드시 달성 일시를 정해주세요. 달성 일시를 설정하고 왜 이 일을 이루고 싶은지 이유를 명확하게 적어두면 목표가 분명해져서 의욕이 쑥쑥 올라갑니다. 또 다른 사람들에게 조 언을 받아서 새로운 방법이나 행동을 찾아내면 자신이 바라는 이상적인 모습에 더 빨리 가까워질 수 있겠죠. 조언을 받았다면 활동지에 함께 기입해주세요. 이렇게 적어두면 언제든지 다시 확인할 수 있습니다.

　모든 항목을 다 기입했다면 마지막에는 '나의 의 욕 레벨'을 적어봅니다. 지금 의욕이 높아서 목표를 달성할 수 있을 것 같은 생각이 든다면 달성했을 때 의 기분도 적어보세요. 아직 의욕이 부족하다면 목 표를 이룰 수 있는 다른 방법이나 행동에 대해 더 생각해보세요. 주변 사람들과 함께 자신에게 딱 맞 는 방법이나 행동을 찾다 보면 분명히 좋은 아이디 어를 떠올릴 수 있을 거예요. 활동지만 써놓고 끝내 지 말고 일정 시간이 지났을 때 달성도를 확인해주 면 더욱 효과적입니다.

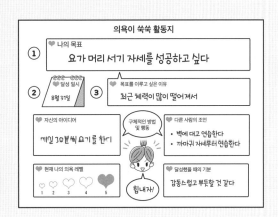

매력 보석함 만들기

놀이의 목적

✔ 사람들 간의 연대감을 높여요
✔ 자신과 타인을 긍정적으로 생각해요

준비

- 보석함 활동지(1인당 1장, 부록 166쪽 참고)
- 보석 카드(1인당 전체 인원수만큼, 부록 166쪽 참고)
- 필기도구, 풀, 가위
- 제비뽑기용 종이

놀이 순서

① 활동지를 1장씩 나눠 갖고, 보석 카드는
전체 인원수만큼 가위로 자르세요.

② 자신을 포함하여 모든 사람의 매력을 보
석 카드에 하나씩 적어요.

③ 다 적었으면 순서를 정합니다.

④ 첫 번째 사람은 돌아다니면서 다른 사람이 쓴 자신의 보석 카드를 하나씩 모으세요.

⑤ 다른 사람들은 첫 번째 사람이 찾아오면 그 사람에 대해 보석 카드에 쓴 내용을 말로 전달하고, 풀로 카드를 보석함에 붙여줍니다.

⑩ 경수 엄마의 매력은 어르신들과 잘 지내는 점이에요. 지혜 엄마는 운전을 참 잘해요, 혜수 엄마는 피아노를 정말 잘 쳐요 등

⑥ 모든 사람에게 보석 카드를 받았다면 마지막으로 자신이 쓴 보석 카드를 발표하고 붙입니다. 나머지 사람들도 순서대로 보석 카드를 모아 보석함을 채우세요.

Tip | **나도 미처 몰랐던 매력을 깨닫는 시간**

자신의 매력을 타인에게 인정받으면 자신감이 생깁니다. 시작하기 전에 미리 보석 카드를 인원수만큼 잘라두면 편리합니다. 보석 카드에는 매력을 적고 카드를 보석함에 붙여줄 때는 반드시 적은 내용을 말로 전달해주세요. 같은 내용이라도 표현 방법은 다를 수 있기 때문에 자신만의 언어로 성실하게 이야기해주세요. 카드에 적은 사람의 이름까지 써두면 나중에 즐거운 추억거리가 됩니다.

때로는 함께하기 불편한 사람도 있을 수 있어요. 하지만 그럴수록 그 사람을 다른 관점에서 바라보려고 노력해보세요. 그동안 몰랐던 그만의 매력을 찾게 될 거예요. 이러한 활동을 통해 모든 일을 긍정적으로 바라보는 사고방식도 싹이 튼답니다.

마음의 청소부

놀이의 목적

✔ 부정적인 감정을 씻어내요

준비 ---

• 사전 과제(A4 용지 1장, 익명)
• 회수용 상자

놀이 순서 ---

① 마음속에 있는 우울한 감정이나 안 좋은 일들을 컴퓨
터로 작성해서 인쇄합니다.

② 내용이 보이지 않도록 반으로 접어서 회수용 상자에
넣어주세요.

③ 일시를 정해서 상자를 열고, 접힌 상태로 종이를 1장씩
나눠줍니다.

A4 용지

• 무기명
• 컴퓨터로 작성하기
• 험담은 금물

④ 자신이 적은 내용을 받았다면 모두 종이를 반납하고 섞은 다음 다시 나눠줍니다.

⑤ 순서대로 자신이 받은 종이에 적힌 내용을 소리 내어 읽습니다.

⑥ 1명씩 내용을 읽을 때마다 우울한 감정이니 안 좋은 일들에 다 같이 공감해주세요.

Tip **부정적 감정을 배출하고 정서적 공감으로 채운다**

체면과 자존심, 이성 때문에 숨겨두었던 마음속의 답답한 감정이나 쏟아내고 싶은 말들을 글로 써서 밖으로 배출해보는 활동입니다. 일터 등에서도 한번 해보세요. 사전에 동료들에게 과제로 내주고 준비해서 참가하면 좋습니다. 길이는 A4 용지 반 장 정도로 작성하면 됩니다. 무기명이고 컴퓨터로 작성하기 때문에 누가 썼는지는 알 수 없어요. 읽기 전에 자신이 쓴 내용을 전달받았다면 모두 걷어서 섞은 다음 다시 나눠주세요. 자신의 이야기는 주저 없이 읽기 힘들 테니까요.

여기서는 해결 방법을 찾지 않아요. 그저 우울한 감정을 토로하고 적어내서 마음속의 응어리를 풀어내는 것이 목적입니다. 내용은 무엇이든 상관없어요. 고부간의 갈등이나 부부, 친구 문제 혹은 돈에 관한 고민도 좋습니다. 화나고 억울하고 속상하고 부끄러운 일, 마음속 깊이 숨겨둔 채 지금까지 누구에게도 하지 못했던 말을 밖으로 꺼내보세요. 단, 참여하는 사람에 관한 이야기는 제외해주세요.

내용을 읽은 다음에는 다 같이 속상한 감정에 서로 공감해주는 시간을 갖습니다. "그랬군요", "정말 화가 나겠어요", "참 마음이 아프네요"라고 말해주면 당사자는 마음이 가벼워지는 느낌이 들 거예요. 활동이 끝난 다음에 누가 쓴 글인지 절대 캐묻지 말아주시고요!

이 책을 썼던 2020년 3월부터 4월까지는 코로나19 바이러스 확산에 따라 일본 전국에 봉쇄 정책이 한창이던 때였습니다. 감염 확산을 막기 위해 밀접·밀집·밀폐 환경을 피해야 했던 만큼 저는 예정되어 있던 강의를 하나도 할 수 없게 되었습니다. 덕분에(?) 2개월도 채 걸리지 않고 이 책을 완성할 수 있었습니다. '지금 내가 할 수 있는 일을 열심히 하자'라는 생각으로 즐겁게 썼던 기억이 납니다.

저처럼 일이 없어진 사람이 있는 반면, 의료 현장에서는 조금도 쉬지 못하고 몸을 희생해가며 일해야 했습니다. 영유아를 돌보는 현장도 마찬가지였습니다. 학교는 휴교에 들어가도 어린이집이나 유치원은 쉽게 문을 닫을 수 없으니까요. 엄마들도 예상하지 못한 휴원 등에 대처해야 하다 보니 모두가 고생이 많았습니다.

저마다 처한 입장에 따라 생각과 고민도 달라집니다. 일이 줄어든 사람은 줄어든 대로, 늘어난 사람은 늘어난 대로 힘들기는 매한가지입니다. 하지만 그럼에도 우리는 내일을 향해서 나아가야만 합니다. 언제까지 이 상황이 계속될지는 알 수 없지만, 이럴 때일수록 제가 쓴 책이 많은 이에게 도움이 될 거라고 생각합니다.

아이뿐 아니라 어른도 자신의 마음을 들여다보면서 감정을 이해하고 표현하고, 수용하는 힘이 필요합니다. 아이와 함께 놀이하면서 여러분의 마음도 균형을 찾아보세요. 꼭 마음에 와닿는 놀이를 발견하기를 바랍니다.

이번에도 많은 사람의 도움을 받았습니다. 진심으로 감사합니다.

이 책을 기획해준 주오호키출판사 편집부의 히라바야시 아쓰시 씨와 저의 다양한 요청을 모두 성실하게 반영해준 일러스트레이터 야마모토 나오키 씨에게 감사의 말씀을 전합니다. 또 언제나 저를 응원해주고 아껴주는 가족들, 항상 사랑합니다.

끝으로 이 책을 선택해주신 여러분께 진심으로 감사드립니다.

노무라 에리

참고문헌

《마음 다루기 - 아이와 함께하는 50가지 감정 컨트롤 트레이닝》, 기무라 아이코 지음, 와타나베 아요이 감수, 안수지 옮김, 루덴스미디어, 2019.

《할 말 다 하기 - 커뮤니케이션에 자신감이 생기는 44가지 트레이닝》, 다카토리 시즈카·JAM네트워크 지음, 고정아 옮김, 루덴스미디어, 2019.

《화 잘 내는 법 - 참지 말고 울지 말고 똑똑하게 화내자》, 시노 마키·나가나와 후미코 지음, 일본 분노관리협회 감수, 김신혜 옮김, 뜨인돌어린이, 2017.

《New! 가장 재미있는 레크리에이션 게임》, 고야마 콘 지음, 슈후노토모샤, 2017.

《대화하는 힘을 키우는 커뮤니케이션 게임 62》, 기구치 쇼조·이케가메 요코·NPO법인 글래스루츠 지음, 나카무라도, 2015.

《발달과 목표를 모두 담았다! 매일 조금씩 하는 놀이》, 요코야마 요코·도킨 다에 지음, 갓켄플러스, 2012.

《감정이 풍부하고 행복한 아이로 키우는 어태치먼트 베이비마사지》, 히로시마 오미쓰·데라시타 겐조 지음, 호켄도진샤, 2010.

《지금 바로 할 수 있는 0~5세 아이들의 언어 놀이 BEST 40: 유치원, 어린이집 담임선생님 시리즈⑨》, 콘페이토 그룹 편집, 요코야마 요코 지음, 레이메이쇼보, 2007.

특별 부록

활동지 모음
마음을 표현하는 말 모음

활동지는 필요한 수만큼 복사해서 활용하세요.

마음을 표현하는 말은 이 책에서 소개하는 놀이를
더 재미있고 의미 있게 만들어 줍니다.
해당 표현을 참고하여 아이와 감정 놀이 해보세요

32쪽 참고

01 마음에 색을 칠해요

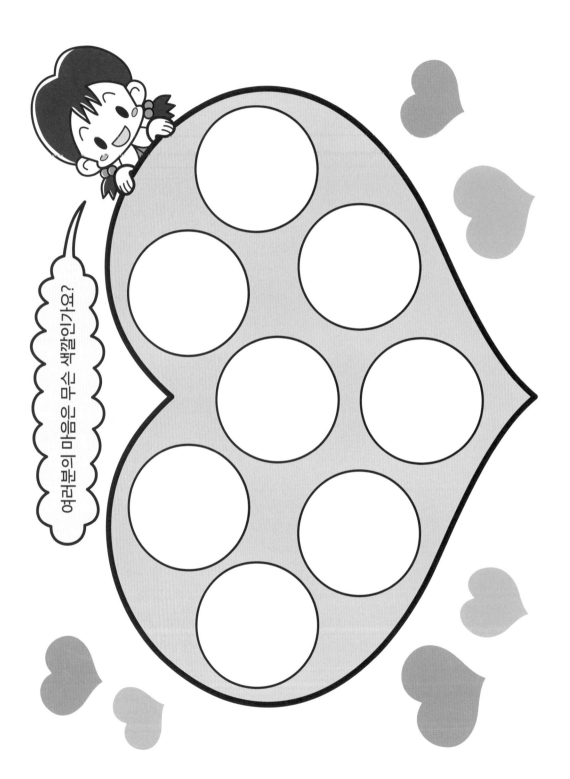

여러분의 마음은 무슨 색깔인가요?

66쪽 참고

18 꽃이 된 걱정 씨앗

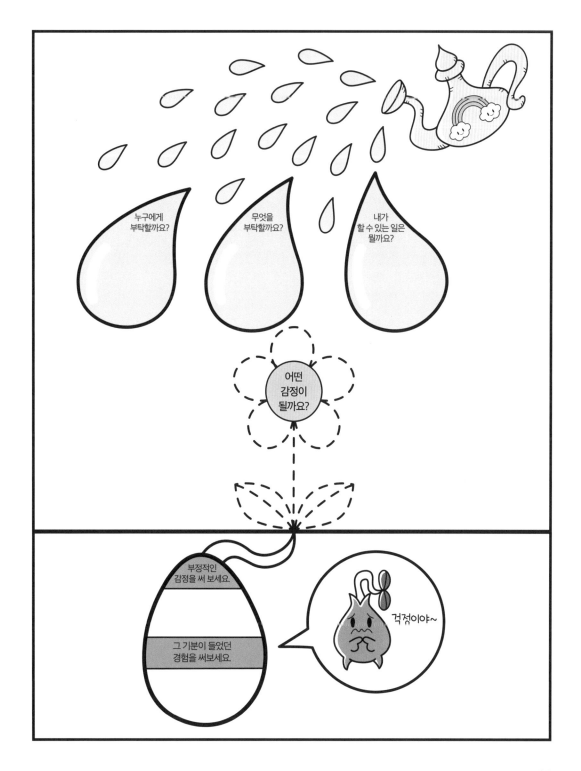

110쪽 참고

40 '잘했다' 스티커 모으기

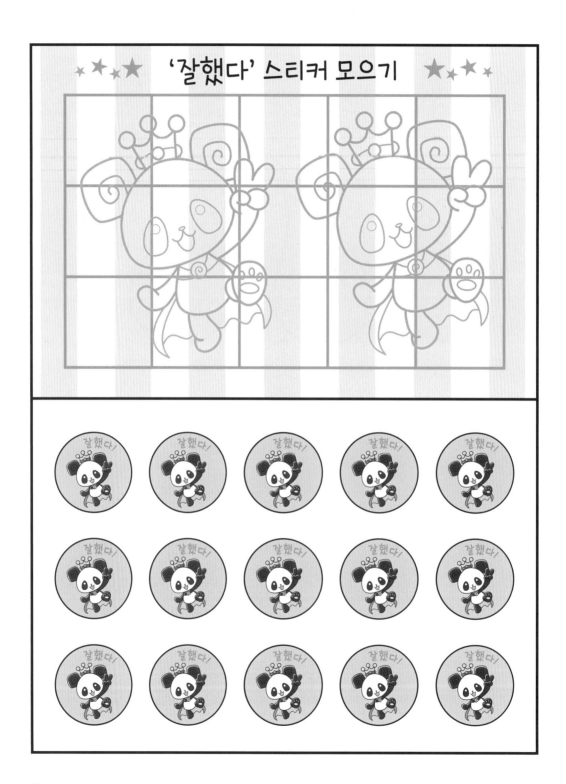

47 도와줘요, SOS맨

124쪽 참고

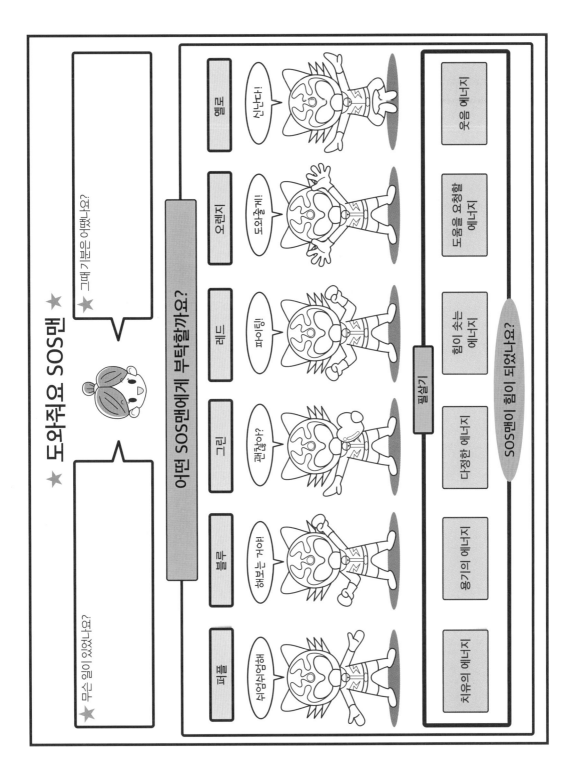

특별부록 **161**

126쪽 참고

48 나만의 힐링 요술 램프

맛있는 힐링 램프

편안한 힐링 램프

아끼는 힐링 램프

128쪽 참고

49 나만의 힐링 TV 리모컨

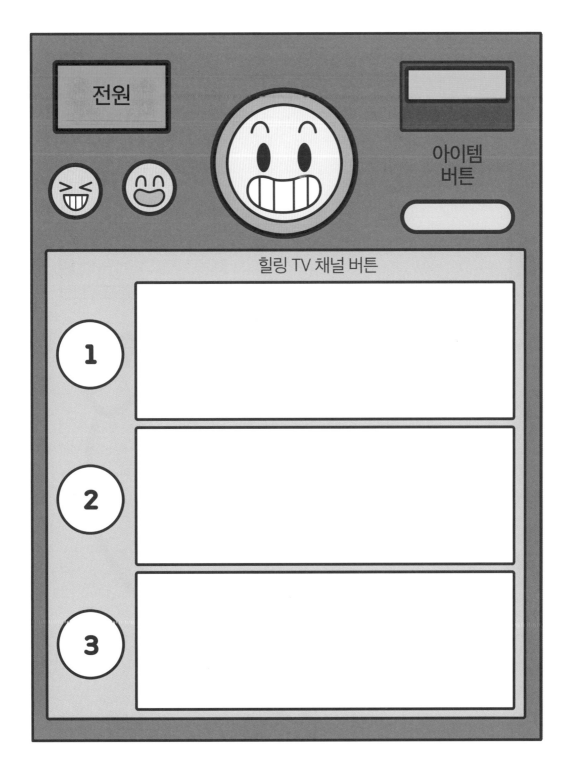

134쪽 참고

51 감정 탱크를 채워라

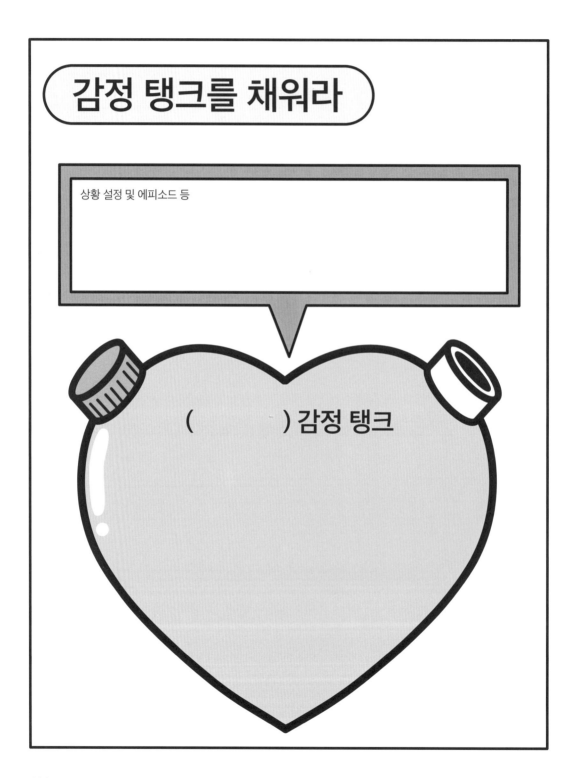

58 의욕이 쑥쑥

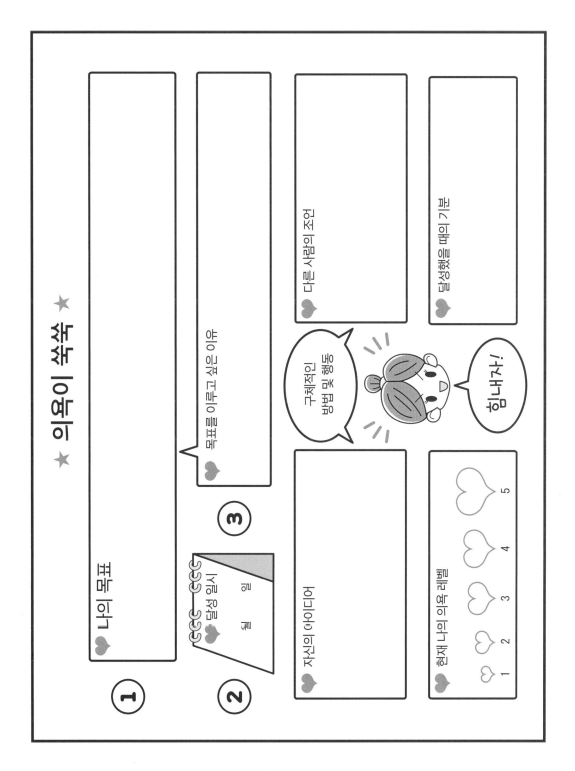

59 매력 보석함 만들기

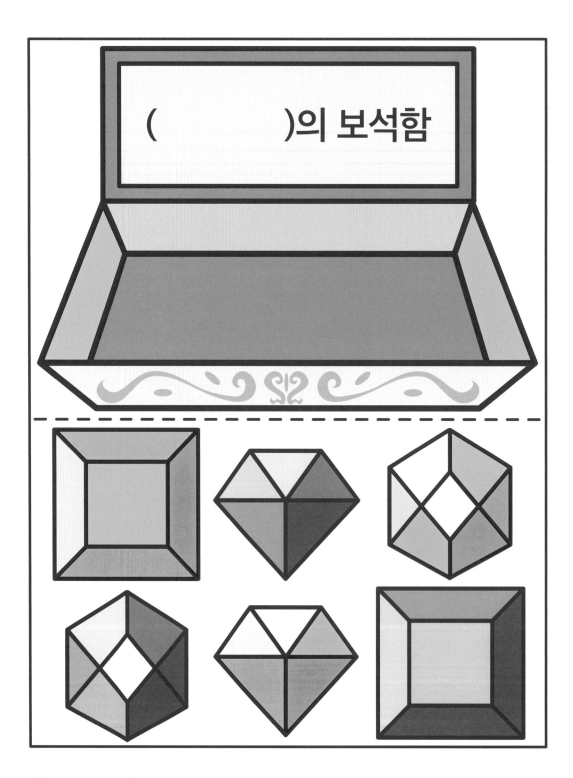

(   )의 보석함

마음을 표현하는 말

가나다순으로 되어 있습니다. 자주 사용되거나 영유아기의 아이가 익히면 좋을 것 같은 표현은 두꺼운 글씨로 표기해두었습니다. 소개한 표현 외에도 다양한 표현을 찾아보세요.

기쁨/즐거움/애정

감동받다/하다	짜릿하다
고맙다/감사하다	찡하다
괜찮다	충만하다
귀엽다	통쾌하다
근사하다	편안하다
기대되다	포근하다
기쁘다	**행복하다**
날아갈 듯하다	홀가분하다
다정하다	활기차다
다행스럽다	황홀하다
대단하다	후련하다
두근두근하다	훈훈하다
든든하다	훌륭하다
들뜨다	흐뭇하다
따뜻하다	
만족스럽다/하다	
멋지다	
뭉클하다	
반갑다	
벅차다	
보람차다	
뿌듯하다	
사랑스럽다	
산뜻하다	
상쾌하다	
설레다	
시원하다	
신나다	
아늑하다	
아름답다	
안도하다	
안심되다/하다	
자랑스럽다	
재미있다	
좋다	
좋아하다	
즐겁다	

슬픔/ 고통

괴롭다
낙심하다/낙담하다
딱하다
먹먹하다
목 메이다
불쌍하다
비참하다
비통하다
서글프다
서럽다
서운하다
섭섭하다
속상하다
쓰라리다
슬프다
실망스럽다/하다
아쉽다
아프다
안쓰럽다
안타깝다
애석하다
애잔하다
애처롭다
애틋하다
우울하다
울고 싶다
울적하다
위축되다
자포자기하다
절망스럽다/하다
주눅 들다
참담하다
처량하다
처참하다
침울하다
풀 죽다
후회스럽다

미움/노여움

갑갑하다	징그럽다
거북하다	**짜증나다**
고단하다	**찜찜하다**
곤란하다	**찝찝하다**
골치 아프다	혐오스럽다
괘씸하다	**화나다**
귀찮다	
기막히다	
기분 나쁘다	
껄끄럽다	
꼴 보기 싫다	
끔찍하다	
노엽다	
답답하다	
떨떠름하다	
못마땅하다	
밉다	
분개하다	
분하다	
불만스럽다	
불쾌하다	
불편하다	
시샘하다/샘하다	
신경질 나다	
심통 나다	
싫다	
약 오르다	
얄밉다	
억울하다	
언짢다	
역겹다	
열 받다	
원망하다	
지겹다	
지긋지긋하다	
지루하다	
질투하다	

마음을 표현하는 말